2級 計算 基本トレーニング

レベル 小6・下

受験研究社

本書の 特色と使い方

本書は，計算の苦手な人や，計算力をぐんと伸ばしたい人のための画期的なテキストです。算数の基本となる計算力が無理なく確実に身につくよう，12級の級別に編集されています。1日 1枚ずつ進めば 30日間でマスターできます。

1 1日1枚のトレーニングで計算に強くなる

おもてページで書き込みながら計算の基本パターンを理解し，うらページでそのパターンを練習することにより，計算力がしっかりと定着します。(★印は発展した問題です)

2 独自のステップと反復トレーニングで基礎がかたまる

無理なく理解できるスモールステップ方式と３段階の反復トレーニングで，だれでもしっかりと基礎をかため，計算力を完全なものにすることができます。

3 習熟度に合わせて学べる進級式で，ぐんぐん力が伸びる

学年とは別の級別構成(1級～12級)なので，習熟度に合わせて級を選び直すことができます。選んだ級がむずかしいと感じた人は前の級にもどり，また，実力のある人は，上の級にチャレンジしてください。(「進級テスト」で実力を判定)

もくじ ❷級 計算

本書に関する最新情報は，当社ホームページにある本書の「サポート情報」をご覧ください。(開設していない場合もございます。)

1日 3級の復習テスト(1)

月　日

時間 20分【はやい15分・おそい25分】
合格 80点
得点　　点

1 かけ算をしなさい。(①～⑧1つ5点，⑨～⑫1つ6点)

① $7\times\frac{5}{6}$

② $24\times\frac{3}{8}$

③ $9\times1\frac{1}{3}$

④ $75\times2\frac{13}{35}$

⑤ $\frac{4}{5}\times\frac{11}{16}$

⑥ $2\frac{1}{4}\times\frac{2}{3}$

⑦ $\frac{25}{27}\times3\frac{3}{5}$

⑧ $1\frac{4}{5}\times1\frac{3}{7}$

⑨ $3\frac{7}{11}\times4\frac{1}{8}$

⑩ $0.7\times\frac{5}{6}$

⑪ $0.25\times1\frac{7}{9}$

★⑫ $2.625\times2\frac{4}{7}$

2 x の値(あたい)を求めなさい。(1つ6点)

① $x+29=47$

② $x-26=54$

③ $103-x=35$

④ $x\times9=63$

⑤ $48\div x=6$

⑥ $x\div13=26$

3級の復習テスト(2)

時間 20分【はやい15分・おそい25分】　得点

合格 80点　　　点

1 わり算をしなさい。(1つ6点)

① $12 \div \frac{8}{9}$

② $14 \div 5\frac{1}{4}$

③ $13 \div \frac{8}{13}$

④ $48 \div \frac{8}{9}$

⑤ $\frac{2}{3} \div \frac{5}{6}$

⑥ $\frac{8}{15} \div \frac{4}{5}$

⑦ $2\frac{5}{8} \div \frac{7}{10}$

⑧ $4\frac{9}{14} \div \frac{13}{21}$

⑨ $\frac{11}{18} \div 4\frac{1}{8}$

⑩ $4\frac{8}{15} \div 3\frac{2}{5}$

⑪ $0.9 \div \frac{3}{5}$

★⑫ $2.25 \div 2\frac{5}{8}$

2 計算をしなさい。(1つ7点)

① $\frac{7}{8} \times \frac{4}{5} \div 1\frac{1}{2}$

② $2\frac{2}{5} \times 1\frac{2}{3} \div 1\frac{3}{5}$

③ $\frac{17}{18} \div \frac{4}{9} \times \frac{16}{17}$

④ $3\frac{3}{4} \div 2\frac{1}{2} \div \frac{9}{16}$

2日 3級の復習テスト(3)

月　日

時間 20分【はやい15分・おそい25分】 得点　点
合格 80点

1 計算をしなさい。（1つ6点）

① $1\frac{5}{7}\times\frac{7}{8}$

② $3\frac{1}{2}\times2\frac{6}{7}$

③ $2\frac{4}{5}\times1\frac{3}{7}$

④ $3\frac{3}{4}\times0.3$

⑤ $1.75\times2\frac{2}{7}$

⑥ $12\div1\frac{1}{8}$

⑦ $2\frac{2}{9}\div\frac{5}{7}$

⑧ $4\frac{2}{3}\div1\frac{5}{9}$

⑨ $5\frac{1}{4}\div1.4$

⑩ $2.8\div2\frac{1}{10}$

2 計算をしなさい。（1つ10点）

① $1\frac{3}{4}\times\frac{2}{3}\div\frac{4}{7}$

② $\frac{3}{7}\div1\frac{5}{7}\times\frac{8}{9}$

③ $1\frac{1}{4}\div\frac{7}{10}\times3.2$

④ $1.6\times2\frac{1}{4}\div2\frac{2}{5}$

3級の復習テスト(4)

時間 20分【はやい15分・おそい25分】 得点
合格 80点　点

1 計算をしなさい。(1つ8点)

① $\frac{3}{4}\times\frac{4}{5}\div\frac{3}{5}$

② $\frac{3}{4}\div\frac{2}{5}\times\frac{1}{3}$

③ $\frac{6}{7}\times1\frac{1}{2}\div1\frac{4}{5}$

④ $2\frac{2}{5}\div1\frac{5}{7}\times\frac{3}{8}$

⑤ $1\frac{3}{5}\times2\frac{1}{4}\div2\frac{2}{5}$

⑥ $2\frac{8}{9}\times1\frac{2}{13}\div1\frac{5}{13}$

⑦ $1\frac{4}{9}\times2.4\div1\frac{3}{10}$

⑧ $3\frac{1}{7}\div1\frac{5}{6}\times3.5$

2 xの値(あたい)を求めなさい。(1つ6点)

① $x\times5-25=15$

② $x\div4-3=11$

③ $144\div x-9=3$

④ $x\times4-8=12$

⑤ $(x-16)\div12=4$

⑥ $(15+x)\times8=208$

3日　比の値

24：36，2：2.3，$\frac{1}{2}$：$\frac{1}{3}$ の比の値(あたい)の求め方

計算のしかた

❶ 24：36 →(比の値) $24\div36=\frac{24}{36}=\frac{2}{3}$

❷ $2：2.3=20：23$（10倍，10倍） →(比の値) $20\div23=\frac{20}{23}$

❸ $\frac{1}{2}：\frac{1}{3}$ →(比の値) $\frac{1}{2}\div\frac{1}{3}=\frac{1}{2}\times3=\frac{3}{2}=1\frac{1}{2}$

□をうめて，計算のしかたを覚えよう。

❶ 24：36 の比の値は，$24\div36=\frac{①\square}{36}$ となり，約分すると，$\frac{①\square}{36}$＝②□ です。

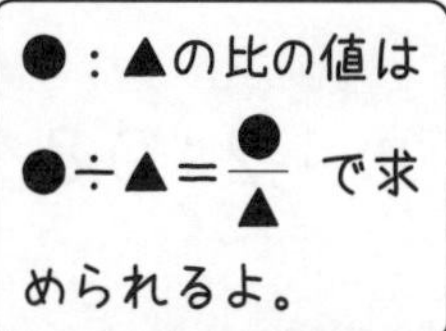

❷ 2：2.3 の比を 10 倍して整数の比に直すと，
20：③□ になるから，比の値は
$20\div23=\frac{④\square}{23}$ です。

❸ $\frac{1}{2}：\frac{1}{3}$ の比の値は，$\frac{1}{2}\div\frac{1}{3}=\frac{1}{2}\times3=\frac{3}{2}$＝⑤□ です。

●：▲ の比の値は，●÷▲＝$\frac{●}{▲}$ です。比が小数で表されているときは，何倍かして整数の比に直すようにします。

計算してみよう

時間 20分

【はやい15分・おそい25分】
合格 16個
正答

／20個

1 比の値（あたい）を求めなさい。

① 8：12　　② 9：15

③ 12：4　　④ 25：10

⑤ 40：56　　⑥ 75：125

⑦ 120：90　　★⑧ 1000：875

⑨ 0.1：0.3　　⑩ 0.5：1

⑪ 1.2：0.8　　⑫ 2：0.7

⑬ 7.5：3.5　　⑭ 9：0.6

⑮ $\frac{1}{4}:\frac{1}{3}$　　⑯ $\frac{2}{5}:\frac{3}{10}$

⑰ $\frac{2}{9}:\frac{5}{6}$　　⑱ $\frac{3}{4}:\frac{7}{8}$

⑲ $\frac{7}{12}:\frac{2}{3}$　　⑳ $\frac{14}{15}:\frac{5}{6}$

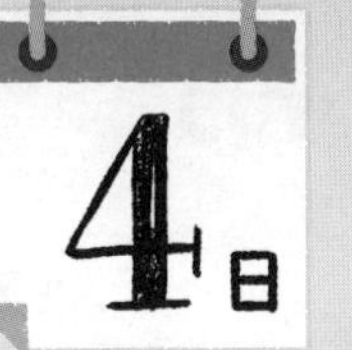

月　日

4日 比の計算(1)

15：25＝3：x のxの値(あたい)の求め方

計算のしかた

❶ 15：25＝3：x → x＝25÷5＝5
（15→3 ÷5、25→x ÷5）

❷ 15：25＝3：x → 15×x＝25×3
15×x＝75
x＝75÷15＝5

□をうめて，計算のしかたを覚えよう。

❶ 15÷3＝5 だから，15÷①□＝3 となります。
xは 25÷①□ で求められるから，
x＝25÷①□＝②□ になります。

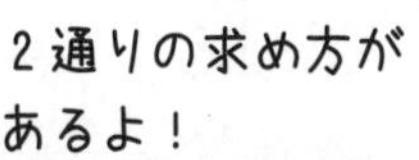

❷ 15×xは 25×③□ に等しいという性質を使って，
15×x＝25×③□ と表せます。
25×③□＝④□ だから，15×x＝④□ です。
x＝75÷15＝⑤□ になります。

覚えよう

・a：b の両方の数に同じ数をかけたり，同じ数でわったりしてできる比は，すべてa：bに等しくなります。

(例) 4：5＝12：15（×3）　8：12＝2：3（÷4）

・a：b＝c：d では，外側の2つの数の積と内側の2つの数の積が等しくなります。

a：b＝c：d → a×d＝b×c

計算してみよう

時間 20分【はやい15分・おそい25分】　正答　／16個
合格 13個

1 x の値(あたい)を求めなさい。

① $5:4=25:x$

② $3:8=9:x$

③ $3:2=30:x$

④ $12:7=84:x$

⑤ $2:5=x:20$

⑥ $5:8=x:48$

⑦ $16:9=x:81$

⑧ $4:25=x:300$

⑨ $50:15=10:x$

⑩ $12:60=1:x$

⑪ $100:125=4:x$

⑫ $63:49=9:x$

⑬ $24:36=x:3$

⑭ $66:44=x:2$

⑮ $84:112=x:4$

⑯ $161:115=x:5$

5日 復習テスト(1)

月　日

時間 20分 【はやい15分·おそい25分】 合格 80点 得点　点

1 比の値(あたい)を求めなさい。(①～⑥1つ6点, ⑦⑧1つ7点)

① 14：35　② 56：32

③ 63：91　④ 2.1：0.9

⑤ 0.7：1　⑥ 3：0.75

⑦ $\frac{1}{10}:\frac{1}{5}$　⑧ $\frac{3}{4}:\frac{4}{5}$

2 x の値を求めなさい。(①～⑥1つ6点, ⑦⑧1つ7点)

① $9:12=3:x$　② $63:56=9:x$

③ $72:96=3:x$　④ $132:108=x:9$

⑤ $72:45=x:5$　⑥ $6:5=90:x$

⑦ $9:11=x:165$　⑧ $4:3=x:117$

復習テスト(2)

時間 20分【はやい15分・おそい25分】 得点 点
合格 80点

1 比の値（あたい）を求めなさい。（1つ7点）

① $7:9$　　② $35:25$

③ $500:275$　　④ $0.8:0.7$

⑤ $4:0.4$　　⑥ $1.2:0.85$

⑦ $5.4:2.25$　　⑧ $\frac{5}{6}:\frac{2}{3}$

★⑨ $\frac{4}{9}:1\frac{1}{6}$　　★⑩ $\frac{11}{12}:1\frac{1}{8}$

2 xの値を求めなさい。（1つ5点）

① $8:7=48:x$　　② $11:9=121:x$

③ $2:9=x:117$　　④ $108:96=9:x$

⑤ $70:90=x:9$　　⑥ $180:285=x:19$

6日 比の計算(2)

$2.4:3=4:x$, $\frac{3}{8}:\frac{5}{12}=x:10$ のxの値(あたい)の求め方

計算のしかた

❶ $2.4:3=4:x$ → $x=3\div0.6=5$

（$2.4\div0.6=4$，$3\div0.6=x$）

❷ $\frac{3}{8}:\frac{5}{12}=x:10$ → $\frac{3}{8}\times10=\frac{5}{12}\times x$

$x=\frac{3}{8}\times10\div\frac{5}{12}$

$x=9$

□をうめて，計算のしかたを覚えよう。

❶ 2.4÷4=0.6 だから，2.4÷①□=4 となります。

xは 3÷①□ で求められるから，

x=3÷①□=②□ になります。

❷ $\frac{3}{8}$×③□ は ④□×x に等しいという性質

を使って，$\frac{3}{8}$×③□=④□×x と表せます。

$x=\frac{3}{8}$×③□÷④□$=\frac{3\times10\times12}{8\times1\times5}$=⑤□ になります。

覚えよう

・$a:b=(a\times▲):(b\times▲)$，$a:b=(a\div■):(b\div■)$（■は0でない数）

・$a:b=c:d$ → $a\times d=b\times c$

計算してみよう

時間 20分 【はやい15分・おそい25分】
合格 13個
正答 ／16個

1 xの値(あたい)を求めなさい。

① $0.2:0.3=2:x$

② $0.4:2=1:x$

③ $1.5:0.6=5:x$

④ $3.5:42=7:x$

⑤ $4.2:2.7=x:9$

⑥ $7.2:5.6=x:7$

⑦ $8.4:9.1=x:13$

⑧ $12:2.4=x:1$

⑨ $\frac{1}{3}:\frac{1}{4}=4:x$

⑩ $\frac{5}{7}:\frac{7}{9}=45:x$

⑪ $\frac{7}{8}:\frac{5}{6}=21:x$

⑫ $\frac{5}{12}:\frac{7}{15}=25:x$

⑬ $\frac{1}{6}:\frac{1}{9}=x:2$

⑭ $\frac{4}{5}:\frac{2}{3}=x:5$

⑮ $\frac{13}{21}:\frac{11}{14}=x:33$

⑯ $\frac{7}{15}:\frac{13}{25}=x:39$

7日 面積の単位のかん算

500 m^2，0.2 ha，0.07 km^2 をaの単位で表す

計算のしかた

❶ 500 m^2 —(1 a=100 m^2)→ 500÷100 → 5 a

❷ 0.2 ha —(1 ha=100 a)→ 0.2×100 → 20 a

❸ 0.07 km^2 —(1 km^2=10000 a)→ 0.07×10000 → 700 a

□をうめて，計算のしかたを覚えよう。

❶ 1 aは1辺が[①　　]mの正方形の面積です。

[①　　]×[①　　]=100(m^2) だから，1 a=100 m^2 になります。

この関係を使うと，500÷100=5 だから，

500 m^2=[②　　]a になります。

❷ 1 haは1辺が100 mの正方形の面積です。

100×100=[③　　](m^2) だから，1 ha=[③　　]m^2 になるので，

1 ha=[④　　]a です。

この関係を使うと，0.2×[④　　]=20 だから，

0.2 ha=[⑤　　]a になります。

❸ 1 km^2は1辺が1000 mの正方形の面積です。

1000×1000=1000000(m^2) だから，1 km^2=1000000 m^2 になるので，

1 km^2=[⑥　　]a です。

この関係を使うと，0.07×[⑥　　]=700 だから，

0.07 km^2=[⑦　　]a になります。

覚えよう 右のような面積の単位の関係を覚えておきましょう。

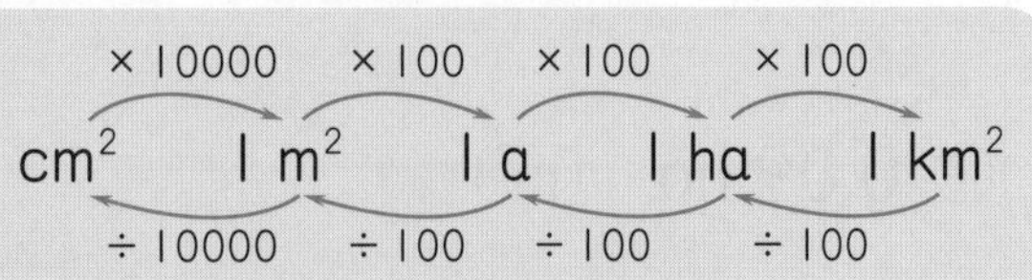

計算してみよう

時間 20分 【はやい15分・おそい25分】
合格 16個
正答 /20個

1 (　)の中の単位で表しなさい。

① 300 m^2 (a)　② 900 m^2 (a)

③ 2 a (m^2)　④ 8 a (m^2)

⑤ 100 a (ha)　⑥ 600 a (ha)

⑦ 4 ha (a)　⑧ 0.7 ha (a)

⑨ 500 ha (km^2)　⑩ 90 ha (km^2)

⑪ 2 km^2 (ha)　⑫ 0.6 km^2 (ha)

⑬ 50000 cm^2 (m^2)　⑭ 3000 cm^2 (m^2)

⑮ 8 m^2 (cm^2)　⑯ 0.01 m^2 (cm^2)

⑰ 0.03 km^2 (a)　⑱ 4000 a (km^2)

⑲ 0.09 ha (m^2)　⑳ 500 m^2 (ha)

復習テスト(3)

月　日

時間 20分【はやい15分・おそい25分】　得点

合格 80点　　点

1 (　)の中の単位で表しなさい。(1つ5点)

① $600\,m^2$ (a)　　② $0.5\,a$ (m^2)

③ $70\,a$ (ha)　　④ $0.08\,ha$ (a)

⑤ $30\,ha$ (km^2)　　⑥ $9\,km^2$ (ha)

⑦ $70000\,cm^2$ (m^2)　　⑧ $0.2\,m^2$ (cm^2)

⑨ $500\,a$ (km^2)　　⑩ $0.6\,km^2$ (a)

⑪ $8000\,m^2$ (ha)　　⑫ $2\,ha$ (m^2)

2 xの値(あたい)を求めなさい。(①②1つ6点, ③~⑥1つ7点)

① $2.8:2.1=4:x$　　② $0.8:5=4:x$

③ $0.7:0.42=x:3$　　★④ $1\frac{1}{4}:\frac{5}{6}=3:x$

⑤ $\frac{5}{8}:\frac{11}{12}=x:22$　　★⑥ $2\frac{1}{15}:1\frac{24}{25}=x:147$

復習テスト(4)

時間 20分 【はやい15分・おそい25分】
合格 80点
得点 点

1 （　）の中の単位で表しなさい。（1つ5点）

① 80 m² （a）　② 4 a （m²）

③ 500 a （ha）　④ 0.3 ha （a）

⑤ 40 ha （km²）　⑥ 7 km² （ha）

⑦ 2000 cm² （m²）　⑧ 0.09 m² （cm²）

⑨ 6000000 cm² （a）　⑩ 0.03 a （cm²）

⑪ 1000000 m² （km²）　⑫ 0.008 km² （m²）

2 x の値(あたい)を求めなさい。（①②1つ6点，③〜⑥1つ7点）

① $6:9.6=5:x$　② $9.1:11.7=x:9$

③ $0.6:1.44=x:12$　④ $\frac{3}{4}:\frac{4}{5}=15:x$

★⑤ $1\frac{7}{8}:2\frac{1}{6}=45:x$　★⑥ $3\frac{1}{15}:2\frac{11}{12}=x:175$

9日 まとめテスト(1)

月　日

時間 25分【はやい20分・おそい30分】　得点

合格 80点　　点

1 比の値(あたい)を求めなさい。(1つ6点)

① $221:119$　② $192:216$

③ $2.1:2.8$　④ $3.75:1.2$

⑤ $\frac{4}{5}:\frac{5}{6}$　★⑥ $2\frac{2}{15}:1\frac{9}{10}$

2 x の値を求めなさい。(①〜⑥1つ6点，⑦〜⑩1つ7点)

① $54:78=9:x$　② $88:128=x:16$

③ $4:17=36:x$　④ $2.4:1.6=3:x$

⑤ $10:27.5=x:11$　⑥ $5:8=x:38.4$

⑦ $\frac{4}{5}:\frac{3}{10}=8:x$　⑧ $\frac{13}{18}:\frac{11}{12}=x:33$

★⑨ $1\frac{1}{9}:\frac{5}{6}=4:x$　★⑩ $2\frac{14}{15}:3\frac{1}{20}=x:183$

まとめテスト(2)

時間 25分 【はやい20分・おそい30分】 得点
合格 80点 点

1 xの値(あたい)を求めなさい。(1つ5点)

① $12:19=x:95$

② $3:19=27:x$

③ $36:51=12:x$

④ $3.2:4.8=x:3$

⑤ $2.7:1.8=12:x$

⑥ $5:7=x:8.4$

⑦ $\frac{3}{4}:\frac{5}{6}=9:x$

⑧ $\frac{5}{9}:\frac{5}{12}=4:x$

★⑨ $1\frac{3}{7}:\frac{5}{14}=x:1$

★⑩ $2\frac{1}{12}:1\frac{5}{18}=150:x$

2 (　)の中の単位で表しなさい。(1つ5点)

① 7 a　(m^2)

② 50 a　(ha)

③ 8 km^2　(ha)

④ 4000 cm^2　(m^2)

⑤ 0.03 m^2　(cm^2)

⑥ 600 a　(km^2)

⑦ 0.1 ha　(m^2)

⑧ 400000 cm^2　(a)

⑨ 0.02 km^2　(m^2)

⑩ 250000 cm^2　(ha)

体積・容積の単位のかん算

5000 mL，0.3 kL，7 m³ をLの単位で表す

計算のしかた

❶ 5000 mL $\xrightarrow{1\,L=1000\,mL}$ 5000÷1000 ⟶ 5 L

❷ 0.3 kL $\xrightarrow{1\,kL=1000\,L}$ 0.3×1000 ⟶ 300 L

❸ 7 m³ $\xrightarrow{1\,m^3=1000\,L}$ 7×1000 ⟶ 7000 L

□をうめて，計算のしかたを覚えよう。

❶ 1 L=[①　　]mL です。

この関係を使うと，5000÷[①　　]=[②　　] だから，

5000 mL=[②　　] L になります。

単位の間の関係をしっかりと覚えておこう。

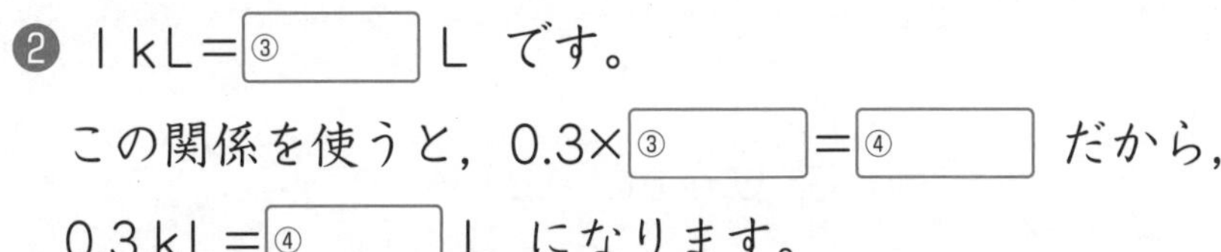

❷ 1 kL=[③　　] L です。

この関係を使うと，0.3×[③　　]=[④　　] だから，

0.3 kL=[④　　] L になります。

❸ 1 L=1000 cm³，1 m³=[⑤　　] cm³ だから，

1 m³=[⑥　　] L です。

この関係を使うと，7×[⑥　　]=[⑦　　] だから，

7 m³=[⑦　　] L になります。

覚えよう

右のような体積・容積の単位の関係を覚えておきましょう。

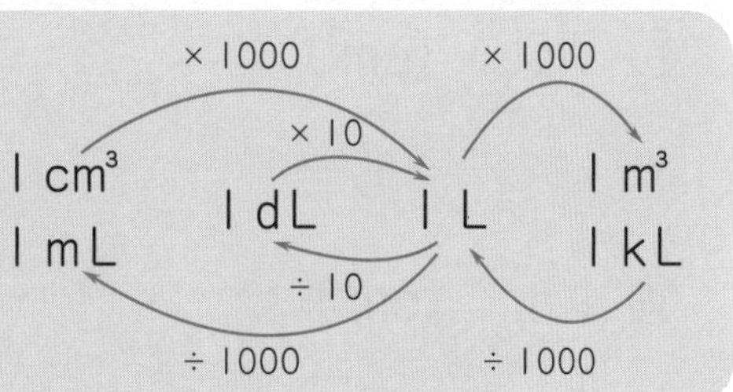

計算してみよう

時間 20分【はやい15分・おそい25分】 合格 16個 正答 ／20個

1 （　）の中の単位で表しなさい。

① 2 L　(mL)

② 0.7 L　(mL)

③ 3000 mL　(L)

④ 80 mL　(L)

⑤ 4 kL　(L)

⑥ 0.9 kL　(L)

⑦ 7000 L　(kL)

⑧ 300 L　(kL)

⑨ 6 kL　(m^3)

⑩ 0.2 m^3　(kL)

⑪ 8 m^3　(L)

⑫ 0.4 m^3　(L)

⑬ 5000 L　(m^3)

⑭ 100 L　(m^3)

⑮ 2 dL　(mL)

⑯ 900 mL　(dL)

⑰ 7 dL　(cm^3)

⑱ 80 cm^3　(dL)

⑲ 1 m^3　(cm^3)

⑳ 300000 cm^3　(m^3)

重さの単位のかん算

4 t，70000 mg を kg の単位で表す
5 L の水の重さを求める

計算のしかた

❶ 4 t —(1 t=1000 kg)→ 4×1000 → 4000 kg

❷ 70000 mg —(1 kg=1000 g, 1 g=1000 mg)→ 70000÷(1000×1000)
→ 0.07 kg

❸ 5 L の水の重さ —(1 L の水の重さは 1 kg)→ 5 kg

□をうめて，計算のしかたを覚えよう。

❶ 1 t=[①　　] kg です。
この関係を使うと，4×[①　　]=[②　　] だから，
4 t=[②　　] kg になります。

❷ 1 kg=1000 g，1 g=[③　　] mg です。
この関係を使うと，70000÷(1000×[③　　])=[④　　] だから，
70000 mg=[④　　] kg になります。

❸ 1 L の水の重さは [⑤　　] kg だから，5 L の水の重さは [⑥　　] kg になります。

覚えよう

・右のような重さの単位の関係を覚えておきましょう。

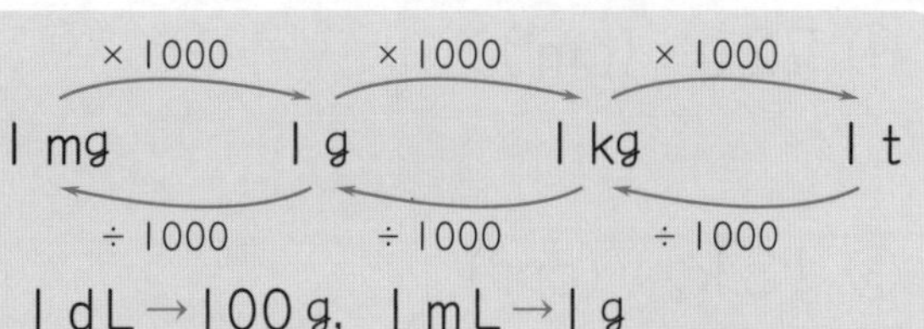

・水の体積と重さの関係は，
1 kL (m^3)→1 t，1 L→1 kg，1 dL→100 g，1 mL→1 g

計算してみよう

時間 20分 【はやい15分・おそい25分】
合格 16個
正答  /20個

1 (　)の中の単位で表しなさい。

① 4000 g　(kg)　　② 0.1 kg　(g)

③ 6000 kg　(t)　　④ 80 kg　(t)

⑤ 0.3 t　(kg)　　⑥ 2.65 t　(kg)

⑦ 2000 mg　(g)　　⑧ 40 mg　(g)

⑨ 0.7 g　(mg)　　⑩ 0.15 g　(mg)

⑪ 2 t　(mg)　　⑫ 500000 mg　(t)

2 次の体積の水の重さを(　)の中の単位で求めなさい。

① 0.8 L　(g)　　② 3 dL　(g)

③ 5 cm^3　(g)　　④ 2.4 m^3　(t)

3 次の重さの水の体積を(　)の中の単位で求めなさい。

① 72 g　(cm^3)　　② 800 g　(cm^3)

③ 13 kg　(cm^3)　　④ 3.2 t　(m^3)

複習テスト(5)

月　日

時間 20分【はやい15分・おそい25分】
合格 80点
得点　　点

1 (　)の中の単位で表しなさい。(1つ5点)

① 8 L (mL)　② 400 mL (L)

③ 3 kL (L)　④ 600 L (kL)

⑤ 0.02 m^3 (L)　⑥ 9000 L (m^3)

⑦ 0.8 kL (m^3)　⑧ 1.06 m^3 (kL)

⑨ 0.5 t (kg)　⑩ 7000 kg (t)

⑪ 0.03 g (mg)　⑫ 800 mg (g)

2 次の体積の水の重さを(　)の中の単位で求めなさい。(1つ5点)

① 0.7 mL (g)　② 5 dL (g)

③ 0.02 L (kg)　④ 9.5 kL (t)

3 次の重さの水の体積を(　)の中の単位で求めなさい。(1つ5点)

① 5 t (m^3)　② 0.9 kg (cm^3)

③ 750 g (cm^3)　④ 6.5 g (cm^3)

復習テスト(6)

時間 20分 【はやい15分・おそい25分】
合格 80点
得点 点

1 ( )の中の単位で表しなさい。(1つ5点)

① 0.5 L (mL)

② 800 mL (L)

③ 0.03 dL (mL)

④ 90 kL (L)

⑤ 200 L (kL)

⑥ 0.07 m^3 (L)

⑦ 800 L (m^3)

⑧ 6 m^3 (kL)

⑨ 9 dL (cm^3)

⑩ 5 cm^3 (dL)

⑪ 7000 dL (kL)

⑫ 0.4 m^3 (cm^3)

⑬ 13000 cm^3 (m^3)

⑭ 2 kL (mL)

⑮ 750000 mL (kL)

⑯ 400 kg (t)

⑰ 1.3 t (kg)

⑱ 8 g (mg)

⑲ 72 mg (g)

⑳ 0.04 t (mg)

月　日

13日 4つの分数のたし算とひき算★

$\frac{5}{6}+\frac{3}{8}-\frac{2}{3}+\frac{1}{4}$ の計算

計算のしかた

$\frac{5}{6}+\frac{3}{8}-\frac{2}{3}+\frac{1}{4}$

❶ 通分する

$=\frac{20}{24}+\frac{9}{24}-\frac{16}{24}+\frac{6}{24}$

❷ 分子だけを計算する

$=\frac{19}{24}$

□をうめて，計算のしかたを覚えよう。

❶ 4つの分数をたしたりひいたりする場合も，分母がちがうときは，まず通分します。

$\frac{5}{6}+\frac{3}{8}-\frac{2}{3}+\frac{1}{4}$

$=\frac{5\times4}{6\times4}+\frac{3\times ①}{8\times ①}-\frac{2\times ②}{3\times ②}+\frac{1\times6}{4\times6}$

$= ③ +\frac{9}{24}-\frac{16}{24}+\frac{6}{24}$

❷ 通分したあとは，分母はそのままにして，分子だけを左から順に計算します。

$③ +\frac{9}{24}-\frac{16}{24}+\frac{6}{24}=\frac{20+ ④ -16+6}{24}= ⑤$ となるから，

答えは ⑤ になります。

覚えよう たし算とひき算の混じった4つの分数の計算は，まず通分してから，3つの場合と同じように計算します。

計算してみよう

時間 20分【はやい15分・おそい25分】 正答 ／10個
合格 8個

1 計算をしなさい。

① $\frac{1}{2}+\frac{3}{4}+\frac{1}{10}-\frac{1}{25}$

② $\frac{2}{3}+\frac{9}{20}+\frac{4}{5}-\frac{2}{5}$

③ $1-\frac{1}{2}+\frac{1}{3}-\frac{1}{4}$

④ $\frac{2}{3}+\frac{7}{9}+\frac{5}{6}+\frac{11}{12}$

⑤ $1-\left(\frac{1}{2}-\frac{9}{19}+\frac{7}{57}\right)$

2 計算をしなさい。

① $4\frac{7}{12}-2\frac{1}{3}+3\frac{3}{4}-2\frac{5}{6}$

② $2\frac{5}{6}-1\frac{3}{20}-\frac{3}{4}-\frac{3}{5}$

③ $2\frac{3}{8}-1\frac{5}{6}+1\frac{7}{12}-1\frac{2}{3}$

④ $2\frac{4}{5}+1\frac{7}{12}+3\frac{3}{4}+4\frac{5}{6}$

⑤ $7\frac{5}{12}-\left(3\frac{13}{16}-2\frac{1}{4}+4\frac{7}{8}\right)$

4つの分数のかけ算とわり算★

$1\frac{5}{8}\times\frac{2}{5}\div\frac{7}{10}\div3\frac{5}{7}$ の計算

計算のしかた

$$1\frac{5}{8}\times\frac{2}{5}\div\frac{7}{10}\div3\frac{5}{7}$$

❶ 帯分数を仮分数に直す

$$=\frac{13}{8}\times\frac{2}{5}\div\frac{7}{10}\div\frac{26}{7}$$

❷ わり算をかけ算に直す

$$=\frac{13}{8}\times\frac{2}{5}\times\frac{10}{7}\times\frac{7}{26}$$

❸ 1つの式に表して，約分する

$$=\frac{\overset{1}{\cancel{13}}\times\overset{1}{\cancel{2}}\times\overset{\overset{1}{\cancel{2}}}{\cancel{10}}\times\overset{1}{\cancel{7}}}{\underset{\underset{2}{\cancel{4}}}{\cancel{8}}\times\underset{1}{\cancel{5}}\times\underset{1}{\cancel{7}}\times\underset{2}{\cancel{26}}}=\frac{1}{4}$$

□をうめて，計算のしかたを覚えよう。

❶ 帯分数を仮分数に直すと，

$1\frac{5}{8}=\frac{8\times1+5}{8}=$ ①□，$3\frac{5}{7}=\frac{7\times②\square+5}{7}=\frac{26}{7}$

❷ わり算をかけ算に直すと，

①□ $\times\frac{2}{5}\div\frac{7}{10}\div\frac{26}{7}=$ ①□ $\times\frac{2}{5}\times$ ③□ $\times\frac{7}{26}$

❸ 1つの式に表して，約分すると，

①□ $\times\frac{2}{5}\times$ ③□ $\times\frac{7}{26}=\frac{\overset{1}{\cancel{13}}\times\overset{1}{\cancel{2}}\times\overset{\overset{1}{\cancel{2}}}{\cancel{10}}\times\overset{1}{\cancel{7}}}{\underset{\underset{2}{\cancel{4}}}{\cancel{8}}\times\underset{1}{\cancel{5}}\times\underset{1}{\cancel{7}}\times\underset{2}{\cancel{26}}}=$ ④□ となるから，

答えは ④□ になります。

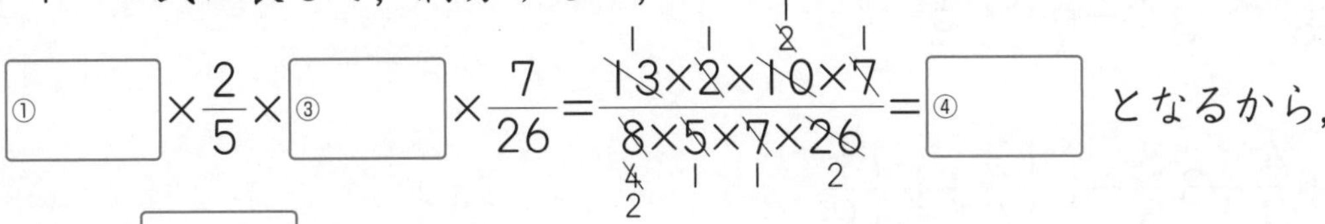

覚えよう 分数のかけ算とわり算の計算は，まず帯分数を仮分数に直し，わり算ではわる数の分母と分子を入れかえた数をかけて1つの式に表して，約分します。

計算してみよう

時間 20分【はやい15分・おそい25分】　正答

合格 8個　／10個

1 計算をしなさい。

① $\frac{5}{6}\div\frac{14}{15}\div\frac{5}{7}\times\frac{2}{3}$

② $\frac{3}{4}\times\frac{2}{3}\div\frac{7}{8}\times\frac{1}{12}$

③ $\frac{16}{17}\times\frac{22}{45}\div\frac{5}{34}\times1\frac{1}{8}$

④ $1\frac{1}{2}\div\frac{3}{8}\times\frac{3}{4}\div\frac{3}{16}$

⑤ $1\frac{3}{4}\times\frac{2}{3}\div\frac{7}{8}\times\frac{1}{14}$

2 計算をしなさい。

① $1\frac{1}{2}\div1\frac{2}{3}\div4\frac{1}{2}\times1\frac{2}{3}$

② $1\frac{2}{3}\times1\frac{3}{4}\times1\frac{2}{7}\div3\frac{3}{4}$

③ $1\frac{5}{8}\div5\frac{1}{5}\times2\frac{4}{7}\times2\frac{2}{9}$

④ $11\frac{4}{7}\div3\frac{3}{5}\div1\frac{13}{14}\div1\frac{11}{19}$

⑤ $3\frac{13}{14}\div8\frac{4}{5}\times4\frac{4}{25}\div2\frac{9}{28}$

復習テスト(7)

★
1 計算をしなさい。(1つ10点)

① $\frac{5}{6}-\frac{2}{5}+\frac{1}{3}-\frac{3}{4}$

② $\frac{7}{8}-\frac{5}{6}+\frac{3}{4}-\frac{1}{2}$

③ $\frac{5}{6}-\frac{4}{5}+\frac{3}{4}-\frac{2}{3}$

④ $\frac{13}{15}-\frac{2}{3}+\frac{5}{6}+\frac{3}{5}$

⑤ $\frac{1}{19}+\frac{1}{57}+\frac{1}{76}+\frac{1}{228}$

★
2 計算をしなさい。(1つ10点)

① $\frac{4}{5}\div\frac{2}{7}\times\frac{3}{14}\times\frac{1}{6}$

② $\frac{5}{6}\times\frac{3}{10}\div\frac{7}{8}\div\frac{20}{21}$

③ $\frac{3}{4}\div2\frac{2}{5}\times\frac{6}{13}\div\frac{15}{26}$

④ $4\frac{1}{6}\div2\frac{1}{4}\div\frac{5}{13}\div3\frac{1}{4}$

⑤ $\frac{7}{198}\div1\frac{11}{24}\times60\frac{1}{2}\div\frac{11}{14}$

復習テスト(8)

時間 20分 【はやい15分・おそい25分】 合格 80点 得点 点

★
1 計算をしなさい。(1つ10点)

① $1\frac{1}{2}+2\frac{1}{4}+4\frac{1}{8}+8\frac{1}{16}$

② $1\frac{5}{12}-\frac{7}{8}+3\frac{9}{16}+2\frac{5}{6}$

③ $4\frac{1}{2}-3\frac{3}{4}+1\frac{5}{6}-\frac{7}{12}$

④ $10\frac{1}{9}-\left(2\frac{5}{6}+3\frac{3}{4}+2\frac{2}{3}\right)$

★
2 計算をしなさい。(1つ10点)

① $\frac{2}{21}\div\frac{1}{5}\times\frac{3}{4}\div\frac{5}{24}$

② $\frac{3}{10}\times1\frac{1}{5}\div\frac{2}{3}\div1\frac{1}{8}$

③ $\frac{5}{11}\div\frac{15}{22}\times2\frac{5}{8}\div5\frac{1}{4}$

④ $3\frac{2}{5}\div\frac{3}{8}\div8\frac{1}{2}\div\frac{1}{3}$

⑤ $\frac{2}{7}\times60\frac{1}{2}\div7\frac{1}{3}\times1\frac{3}{11}$

⑥ $4\frac{2}{7}\times1\frac{5}{7}\div1\frac{1}{49}\div4\frac{1}{2}$

まとめテスト(3)

1 (　)の中の単位で表しなさい。(1つ5点)

① 6 L (mL)

② 450 L (kL)

③ 2300 L (m^3)

④ 0.4 L (dL)

⑤ 50000 cm^3 (m^3)

⑥ 560 g (kg)

⑦ 380 kg (t)

⑧ 0.41 t (kg)

⑨ 1.2 g (mg)

⑩ 2.04 kg (g)

2 計算をしなさい。(1つ10点)

① $\frac{5}{6}+\frac{3}{4}-\frac{5}{12}-\frac{2}{9}$

② $2\frac{7}{8}-1\frac{3}{4}+1\frac{5}{6}-2\frac{7}{12}$

③ $\frac{5}{12}\times\frac{8}{15}\div\frac{6}{7}\div\frac{14}{27}$

④ $2\frac{1}{3}\times1\frac{3}{14}\div4\frac{1}{4}\div1\frac{1}{2}$

⑤ $3\frac{1}{5}\div1\frac{1}{7}\div4\frac{4}{5}\times2\frac{2}{9}$

まとめテスト(4)

時間 25分 【はやい20分・おそい30分】 得点
合格 80点 点

1 ( )の中の単位で表しなさい。(1つ5点)

① 2.3 L (mL)
② 4600 mL (L)
③ 6300 L (kL)
④ 1.1 m^3 (kL)
⑤ 230 mL (dL)
⑥ 0.13 kg (g)
⑦ 0.04 t (kg)
⑧ 250 mg (g)
⑨ 0.4 t (mg)
⑩ 80000 mg (kg)

2 計算をしなさい。(1つ10点)

① $\frac{3}{4}+\frac{1}{2}-\frac{5}{6}+\frac{1}{12}$

② $1\frac{5}{18}+2\frac{1}{4}-1\frac{2}{9}-1\frac{5}{6}$

③ $\frac{9}{14}\div\frac{3}{7}\times\frac{5}{6}\div\frac{3}{10}$

④ $3\frac{3}{4}\div2\frac{1}{7}\times2\frac{2}{5}\div\frac{8}{15}$

⑤ $4\frac{1}{5}\times1\frac{11}{14}\div2\frac{4}{13}\div3\frac{5}{7}$

3つの分数の計算 (1)

$\frac{3}{4}-\frac{2}{5}\div\frac{2}{3}$, $2\frac{1}{3}+\frac{1}{3}\times2\frac{2}{3}$ の計算

計算のしかた

❶ $\frac{3}{4}-\frac{2}{5}\div\frac{2}{3}$
$=\frac{3}{4}-\frac{3}{5}$ （わり算をする）
$=\frac{3}{20}$ （ひき算をする）

❷ $2\frac{1}{3}+\frac{1}{3}\times2\frac{2}{3}$
$=2\frac{1}{3}+\frac{8}{9}$ （かけ算をする）
$=3\frac{2}{9}$ （たし算をする）

□をうめて，計算のしかたを覚えよう。

❶ まず，わり算を先にすると，$\frac{2}{5}\div\frac{2}{3}=\frac{2}{5}\times\frac{3}{2}=$ ①□ になります。

次に，通分してひき算をすると，$\frac{3}{4}-$ ①□ $=\frac{15}{20}-$ ②□ $=$ ③□ になるから，

答えは ③□ になります。

❷ まず，かけ算を先にすると，$\frac{1}{3}\times2\frac{2}{3}=\frac{1}{3}\times$ ④□ $=$ ⑤□ になります。

次に，通分してたし算をすると，

$2\frac{1}{3}+$ ⑤□ $=2\frac{3}{9}+$ ⑤□ $=2\frac{11}{9}=$ ⑥□ になるから，

答えは ⑥□ になります。

覚えよう たし算・ひき算・かけ算・わり算の混じった分数の式の計算は，かけ算・わり算を先に計算し，たし算・ひき算はあとで計算します。

計算してみよう

時間 20分
【はやい15分・おそい25分】
合格 9個

正答

／12個

1 計算をしなさい。

① $\frac{4}{5}-\frac{3}{5}\times\frac{1}{4}$

② $\frac{4}{7}+\frac{1}{5}\div\frac{7}{9}$

③ $\frac{2}{15}+\frac{1}{4}\div\frac{5}{6}$

④ $\frac{6}{7}-\frac{5}{8}\div\frac{15}{16}$

⑤ $\frac{2}{3}+\frac{4}{15}\times\frac{3}{8}$

⑥ $\frac{7}{15}-\frac{4}{5}\times\frac{1}{2}$

⑦ $\frac{5}{6}-\frac{1}{4}\div\frac{2}{3}$

⑧ $\frac{14}{15}\div\frac{7}{10}-\frac{5}{6}$

2 計算をしなさい。

① $3\frac{1}{4}-1\frac{1}{6}\times1\frac{2}{3}$

② $2\frac{5}{11}+2\frac{2}{7}\div1\frac{3}{8}$

③ $4\frac{1}{6}-3\frac{3}{10}\div1\frac{5}{7}$

④ $2\frac{1}{5}+2\frac{1}{7}\div6\frac{1}{4}$

3つの分数の計算 (2)

月　日

$\left(\frac{2}{3}-\frac{1}{5}\right)\times\frac{3}{7}$, $2\frac{3}{4}\div\left(8\frac{1}{2}+\frac{2}{3}\right)$ の計算

計算のしかた

❶ $\left(\frac{2}{3}-\frac{1}{5}\right)\times\frac{3}{7}$
$=\frac{7}{15}\times\frac{3}{7}$　( )の中を計算する
$=\frac{1}{5}$　かけ算をする

❷ $2\frac{3}{4}\div\left(8\frac{1}{2}+\frac{2}{3}\right)$
$=2\frac{3}{4}\div9\frac{1}{6}$　( )の中を計算する
$=\frac{3}{10}$　わり算をする

□をうめて，計算のしかたを覚えよう。

❶ まず，( )の中を通分して計算すると，

$\frac{2}{3}-\frac{1}{5}=$ ①□ $-\frac{3}{15}=$ ②□ になります。

次に，かけ算をすると，②□ $\times\frac{3}{7}=$ ③□ になるから，

答えは ③□ になります。

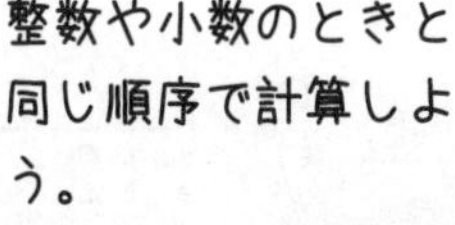

❷ まず，( )の中を通分して計算すると，

$8\frac{1}{2}+\frac{2}{3}=8\frac{3}{6}+\frac{4}{6}=8\frac{7}{6}=$ ④□ になります。

次に，わり算をすると，

$2\frac{3}{4}\div$ ④□ $=\frac{11}{4}\div\frac{55}{6}=\frac{11}{4}\times$ ⑤□ $=$ ⑥□ になるから，

答えは ⑥□ になります。

覚えよう　かっこのある分数の式の計算は，かっこの中を先に計算します。

計算してみよう

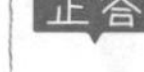

時間 20分【はやい15分・おそい25分】 正答 ／10個
合格 8個

1 計算をしなさい。

① $\frac{2}{3}\div\left(\frac{1}{3}-\frac{1}{4}\right)$

② $\left(\frac{2}{3}+\frac{3}{4}\right)\times\frac{2}{5}$

③ $\left(\frac{7}{8}-\frac{2}{3}\right)\times\frac{3}{5}$

④ $\frac{4}{13}\times\left(\frac{7}{8}+\frac{3}{4}\right)$

⑤ $\frac{6}{7}\times\left(\frac{7}{12}-\frac{1}{6}\right)$

⑥ $\left(\frac{2}{3}-\frac{5}{12}\right)\div\frac{3}{8}$

2 計算をしなさい。

① $\left(2\frac{1}{6}+3\frac{3}{8}\right)\div\frac{5}{12}$

② $\left(2\frac{4}{9}+1\frac{2}{7}\right)\div1\frac{2}{3}$

③ $\left(2\frac{1}{6}-1\frac{7}{15}\right)\div4\frac{2}{5}$

④ $\left(6\frac{5}{6}-\frac{2}{3}\right)\div4\frac{1}{3}$

復習テスト(9)

1 計算をしなさい。(1つ10点)

① $\frac{2}{3}-\frac{2}{9}\div\frac{3}{4}$

② $\frac{5}{6}+\frac{8}{21}\div\frac{12}{49}$

③ $\frac{11}{12}\times\frac{4}{5}+\frac{3}{10}$

④ $\left(\frac{1}{6}+\frac{4}{7}\right)\times\frac{7}{9}$

⑤ $\left(\frac{5}{13}-\frac{1}{3}\right)\times\frac{3}{4}$

⑥ $\left(\frac{10}{21}-\frac{2}{7}\right)\div\frac{2}{3}$

2 計算をしなさい。(1つ10点)

① $1\frac{5}{6}+2\frac{1}{3}\times1\frac{3}{4}$

② $1\frac{3}{8}-2\frac{1}{12}\div2\frac{2}{9}$

③ $\left(2\frac{2}{3}+6\frac{5}{8}\right)\div1\frac{5}{6}$

④ $\left(2\frac{3}{8}-1\frac{6}{7}\right)\times3\frac{1}{2}$

復習テスト(10)

時間 20分【はやい15分・おそい25分】
合格 80点
得点　　点

1 計算をしなさい。(1つ10点)

① $\frac{5}{8}-\frac{7}{10}\times\frac{5}{7}$

② $\frac{22}{27}-\frac{5}{12}\div\frac{15}{16}$

③ $\frac{3}{7}+\frac{9}{10}\div\frac{21}{25}$

④ $\frac{6}{7}\times\left(\frac{5}{6}+\frac{7}{12}\right)$

⑤ $\frac{5}{6}\div\left(\frac{5}{12}-\frac{1}{6}\right)$

2 計算をしなさい。(1つ10点)

① $9\frac{1}{3}\times2\frac{1}{7}+2\frac{1}{5}$

② $2\frac{5}{6}+\frac{8}{15}\div\frac{4}{9}$

③ $\left(5\frac{3}{5}-3\frac{1}{3}\right)\times7\frac{1}{2}$

④ $\left(1\frac{1}{2}+\frac{3}{4}\right)\div1\frac{1}{8}$

⑤ $3\frac{1}{3}\div\left(\frac{3}{8}-\frac{1}{6}\right)$

月　　日

4つの分数の計算 (1)★

$\frac{3}{5}\div\frac{4}{5}-1\frac{1}{3}\times\frac{3}{10}$, $\frac{3}{8}+\frac{11}{12}\div\frac{3}{10}\times2\frac{1}{10}$ の計算

計算のしかた

❶ $\frac{3}{5}\div\frac{4}{5}-1\frac{1}{3}\times\frac{3}{10}$

$=\frac{3}{4}-\frac{2}{5}$ （かけ算とわり算をする）

$=\frac{7}{20}$ （ひき算をする）

❷ $\frac{3}{8}+\frac{11}{12}\div\frac{3}{10}\times2\frac{1}{10}$

$=\frac{3}{8}+6\frac{5}{12}$ （かけ算・わり算をする）

$=6\frac{19}{24}$ （たし算をする）

□をうめて，計算のしかたを覚えよう。

❶ まず，かけ算とわり算を先にして，

$\frac{3}{5}\div\frac{4}{5}=\frac{3}{5}\times\frac{5}{4}=$ ①□，$1\frac{1}{3}\times\frac{3}{10}=$ ②□ $\times\frac{3}{10}=\frac{2}{5}$

次に，ひき算をして，①□ $-\frac{2}{5}=\frac{15}{20}-$ ③□ $=$ ④□ になるから，

答えは ④□ になります。

❷ まず，かけ算とわり算を先にして，

$\frac{11}{12}\div\frac{3}{10}\times2\frac{1}{10}=\frac{11}{12}\times\frac{10}{3}\times\frac{21}{10}=\frac{⑤□}{12}=$ ⑥□

次に，たし算をして，$\frac{3}{8}+$ ⑥□ $=\frac{9}{24}+6\frac{10}{24}=$ ⑦□ になるから，

答えは ⑦□ になります。

計算してみよう

時間 20分 【はやい15分・おそい25分】
合格 8個

正答
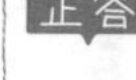
／10個

1 計算をしなさい。

① $\frac{5}{8}\times1\frac{1}{3}-\frac{9}{16}\div1\frac{1}{2}$

② $\frac{2}{3}\times\frac{3}{5}\div\frac{4}{15}-1\frac{1}{3}$

③ $\frac{5}{6}-\frac{1}{4}\div\frac{5}{6}\times\frac{2}{3}$

④ $\frac{1}{4}\div\frac{1}{2}+\frac{3}{4}\times\frac{2}{9}$

⑤ $\frac{3}{20}\div\frac{3}{5}+\frac{1}{4}\times\frac{1}{2}$

2 計算をしなさい。

① $3\frac{2}{3}\times1\frac{1}{5}-7\frac{1}{5}\div6\frac{3}{4}$

② $\frac{11}{12}+2\frac{1}{3}\div\frac{7}{11}-4\frac{1}{6}$

③ $4\frac{1}{16}-2\frac{2}{3}\div1\frac{11}{21}\times1\frac{3}{4}$

④ $2\frac{5}{8}-1\frac{1}{5}\div2\frac{2}{3}\div\frac{2}{5}$

⑤ $2\frac{5}{6}+\frac{1}{2}\times3\frac{2}{3}-2\frac{1}{3}$

4つの分数の計算 (2)★

$\frac{6}{11}\times\left(2\frac{3}{8}+\frac{5}{6}\right)-1\frac{3}{10}$ の計算

計算のしかた

$$\frac{6}{11}\times\left(2\frac{3}{8}+\frac{5}{6}\right)-1\frac{3}{10}$$

❶ ( )の中を計算する

$$=\frac{6}{11}\times3\frac{5}{24}-1\frac{3}{10}$$

❷ かけ算をする

$$=1\frac{3}{4}-1\frac{3}{10}$$

❸ ひき算をする

$$=\frac{9}{20}$$

□をうめて，計算のしかたを覚えよう。

❶ ( )の中を通分して計算すると，

$2\frac{3}{8}+\frac{5}{6}=2\frac{9}{24}+$ ① $=2\frac{29}{24}=$ ②

計算の順序をしっかりと覚えておこう。

❷ かけ算をして，

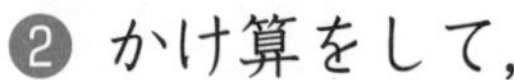

$\frac{6}{11}\times$ ② $=\frac{6}{11}\times\frac{77}{24}=\frac{7}{4}=$ ③

❸ ひき算をして，

③ $-1\frac{3}{10}=$ ④ $-1\frac{6}{20}=$ ⑤ になるから，

答えは ⑤ になります。

覚えよう たし算・ひき算・かけ算・わり算とかっこを使った分数の式の計算は，まず，かっこの中を，次にかけ算・わり算を，最後にたし算・ひき算をします。

計算してみよう

時間 20分 【はやい15分・おそい25分】
合格 8個
正答 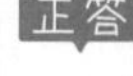 ／10個

1 計算をしなさい。

① $\frac{4}{7}\times\left(\frac{2}{3}-\frac{1}{2}\right)\div\frac{1}{3}$

② $\frac{4}{5}-\left(\frac{5}{12}-\frac{1}{6}\right)\div\frac{2}{3}$

③ $\left(1\frac{1}{2}-\frac{3}{8}\right)\div\frac{3}{4}-\frac{8}{9}$

④ $\left(\frac{3}{4}-\frac{9}{20}\right)\div2\frac{2}{5}\times\frac{4}{5}$

⑤ $\left\{\frac{1}{2}-\left(\frac{1}{3}-\frac{1}{4}\right)\right\}\div\frac{1}{2}$

2 計算をしなさい。

① $1\frac{13}{15}\div\left(3\frac{1}{6}-2\frac{1}{10}+1\frac{11}{15}\right)$

② $\left(2\frac{2}{3}+\frac{8}{9}\right)\div\frac{4}{7}-6\frac{1}{18}$

③ $4\frac{1}{6}\div\left(4\frac{3}{4}+2\frac{1}{4}\times\frac{1}{9}\right)$

④ $2\frac{1}{12}\div\left(4\frac{1}{6}-\frac{5}{8}\right)\times3\frac{2}{5}$

⑤ $\left(8\frac{7}{20}-1\frac{3}{8}\times4\frac{4}{5}\right)\div2\frac{11}{12}$

22日 復習テスト(11)

★ **1** 計算をしなさい。(1つ10点)

① $\frac{3}{5}\div\frac{9}{14}-\frac{3}{5}\times1\frac{1}{9}$

② $\frac{4}{5}-\frac{1}{6}\times1\frac{2}{7}\div2\frac{1}{2}$

③ $4\frac{7}{8}-2\frac{5}{8}\times1\frac{2}{3}+1\frac{1}{2}$

④ $3\frac{4}{15}\div1\frac{1}{13}-1\frac{2}{3}\div4\frac{1}{6}$

⑤ $1\frac{1}{15}\times2\frac{4}{7}\div4\frac{4}{5}+1\frac{3}{14}$

★ **2** 計算をしなさい。(1つ10点)

① $\frac{5}{6}\div\left(\frac{1}{3}+\frac{1}{4}\right)\times\frac{7}{12}$

② $\left(\frac{1}{2}+\frac{1}{3}\right)\div\frac{1}{6}\times1\frac{2}{3}$

③ $1\frac{7}{8}\div\left(2\frac{5}{12}-1\frac{3}{8}+\frac{5}{6}\right)$

④ $\left(4\frac{1}{3}-2\frac{5}{8}\right)\div10\frac{1}{4}\times1\frac{1}{2}$

⑤ $3\frac{4}{7}-\left(3\frac{1}{7}-1\frac{2}{3}\right)\times2\frac{2}{5}$

復習テスト(12)

時間 20分【はやい15分・おそい25分】　合格 80点　得点  点

★
1 計算をしなさい。(1つ10点)

① $1\frac{1}{5}-\frac{3}{5}\div\frac{3}{10}\times\frac{1}{2}$

② $1\frac{1}{3}\times\frac{3}{4}-\frac{1}{4}\div\frac{3}{8}$

③ $3\frac{3}{5}\div2\frac{2}{5}+2\frac{1}{4}\times\frac{2}{3}$

④ $7\frac{1}{2}-2\frac{1}{6}+1\frac{3}{4}\times1\frac{1}{7}$

⑤ $2\frac{1}{10}\div3\frac{3}{4}\div4\frac{1}{5}+6\frac{4}{5}$

★
2 計算をしなさい。(1つ10点)

① $\frac{11}{12}\div\left(2\frac{1}{6}-\frac{2}{3}\right)\times\frac{1}{4}$

② $\left(1\frac{3}{4}-\frac{3}{8}\right)\div\left(\frac{7}{8}-\frac{13}{16}\right)$

③ $5\frac{1}{3}-\left(1\frac{1}{2}-\frac{2}{5}\right)\times3\frac{1}{3}$

④ $1\frac{7}{8}\div\left(2\frac{1}{3}-\frac{1}{12}\right)\times1\frac{3}{5}$

⑤ $\left(3\frac{1}{14}-2\frac{1}{7}\right)\div2\frac{3}{5}\times1\frac{11}{17}$

まとめテスト(5)

1 計算をしなさい。(1つ10点)

① $1\frac{1}{4}-\frac{7}{10}\times\frac{5}{8}$

② $1\frac{9}{10}+1\frac{7}{8}\div4\frac{1}{6}$

③ $\left(2\frac{2}{3}+4\frac{1}{5}\right)\times3\frac{3}{4}$

④ $\left(3\frac{8}{11}-2\frac{4}{5}\right)\div3\frac{2}{5}$

★**2** 計算をしなさい。(1つ10点)

① $2\frac{1}{10}+3\frac{3}{7}\div1\frac{3}{5}-\frac{9}{14}$

② $5\frac{2}{3}\times\frac{3}{4}-\frac{3}{14}\div\frac{6}{7}$

③ $3\frac{1}{5}\times\frac{1}{2}-\frac{2}{3}\div\frac{4}{5}$

④ $1\frac{7}{8}\div\frac{5}{6}-\frac{7}{9}\times2\frac{5}{14}$

⑤ $\frac{1}{3}+\frac{13}{24}\times\frac{5}{13}\div\frac{11}{16}$

⑥ $\frac{5}{9}\times\frac{6}{7}\div\frac{5}{14}-\frac{1}{5}$

まとめテスト(6)

時間 25分【はやい20分・おそい30分】
合格 80点

点

★**1** 計算をしなさい。(1つ10点)

① $3\frac{2}{5}-\frac{2}{5}\times1\frac{1}{4}+3\frac{1}{3}$

② $\frac{7}{15}+3\frac{2}{5}\div2\frac{5}{6}-\frac{4}{9}$

③ $\frac{3}{5}\div\frac{9}{25}-\frac{3}{5}\times2\frac{2}{9}$

④ $3\frac{1}{2}\div1\frac{2}{5}+1\frac{4}{5}\times7\frac{1}{2}$

⑤ $2\frac{3}{5}\times\frac{3}{4}-3\frac{1}{5}\div1\frac{5}{7}$

⑥ $\frac{20}{21}\times1\frac{2}{5}-3\frac{1}{3}\div4\frac{1}{6}$

★**2** 計算をしなさい。(1つ10点)

① $\frac{7}{8}-\left(1\frac{1}{2}-\frac{5}{6}\right)\div1\frac{1}{3}$

② $\frac{1}{3}+\left(4\frac{1}{2}-2\frac{5}{11}\right)\times2\frac{4}{9}$

③ $1\frac{7}{8}\div\left(\frac{2}{3}+\frac{1}{3}\times7\frac{1}{2}\right)$

④ $\frac{4}{5}-\left(1\frac{5}{8}-\frac{2}{5}\right)\times\frac{8}{21}$

小数・分数の混合計算 (1)

$2.4\times\left(0.5+\frac{3}{4}\right)$ の計算

計算のしかた

$$2.4\times\left(0.5+\frac{3}{4}\right)$$

❶ 小数を分数に直す

$$=\frac{12}{5}\times\left(\frac{1}{2}+\frac{3}{4}\right)$$

❷ (　)の中を計算する

$$=\frac{12}{5}\times\frac{5}{4}$$

❸ かけ算をする

$$=3$$

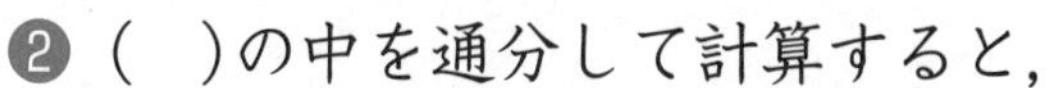

❶ 小数を分数に直すと，

$2.4=\frac{24}{10}=\frac{①\square}{5}$，$0.5=\frac{②\square}{10}=\frac{1}{2}$

小数を分数に直すといつでも計算できるよ。

❷ (　)の中を通分して計算すると，

$\frac{1}{2}+\frac{3}{4}=③\square+\frac{3}{4}=\frac{④\square}{4}$

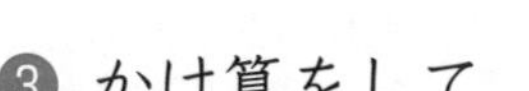

$\frac{①\square}{5}\times\frac{④\square}{4}=⑤\square$ になるから，

答えは ⑤□ になります。

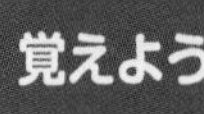

小数と分数の混じった式の計算は，まず小数を分数に直します。そして，あとは分数どうしと同じように計算します。

計算してみよう

時間 20分 【はやい15分・おそい25分】
合格 8個

正答 ／10個

1 計算をしなさい。

① $0.9\div\frac{3}{5}+\frac{5}{7}$

② $0.8-\frac{3}{5}\times0.75$

③ $\frac{14}{15}\div\frac{5}{6}\div0.8$

④ $\left(0.7-\frac{8}{15}\right)\times\frac{9}{11}$

⑤ $\left(\frac{7}{8}+\frac{2}{3}\right)\div0.9$

2 計算をしなさい。

① $3.75\div2.5-1\frac{1}{3}$

② $2.7\times2\frac{2}{3}\div2\frac{4}{7}$

③ $3.5+2\frac{3}{5}\times2.5$

④ $\left(\frac{1}{6}-0.1\right)\times13.2$

⑤ $2\frac{13}{16}\div(2.6-1.25)$

小数・分数の混合計算 (2)

$0.75-\left(2\frac{4}{5}-1\frac{5}{6}\right)\div 5.8$ の計算

計算のしかた

$0.75-\left(2\frac{4}{5}-1\frac{5}{6}\right)\div 5.8$

❶ 小数を分数に直す

$=\frac{3}{4}-\left(2\frac{4}{5}-1\frac{5}{6}\right)\div\frac{29}{5}$

❷ ( )の中を計算する

$=\frac{3}{4}-\frac{29}{30}\div\frac{29}{5}$

❸ わり算をする

$=\frac{3}{4}-\frac{1}{6}$

❹ ひき算をする

$=\frac{7}{12}$

□をうめて，計算のしかたを覚えよう。

❶ 小数を分数に直して，0.75=①□，$5.8=\frac{29}{5}$

❷ ( )の中を通分して計算すると，

$2\frac{4}{5}-1\frac{5}{6}=2\frac{24}{30}-1\frac{25}{30}=$ ②□

❸ わり算を先にして，

②□ $\div\frac{29}{5}=$ ②□ × ③□ = ④□

❹ ひき算をして，①□ − ④□ $=\frac{9}{12}-\frac{2}{12}=$ ⑤□ になるから，

答えは⑤□ になります。

計算してみよう

時間 20分 【はやい15分・おそい25分】 正答 合格 8個  /10個

1 計算をしなさい。

① $0.5+2\frac{1}{2}-0.25\times\frac{1}{3}$

② $\left(0.8-\frac{3}{5}\right)\div0.125\times\frac{3}{4}$

③ $2.4\div\frac{8}{15}-0.3\times1.5$

④ $\frac{2}{3}-\left(1.4\times\frac{5}{6}-0.65\right)$

⑤ $\left(1.2\div1\frac{3}{5}+0.5\right)\div0.01$

2 計算をしなさい。

① $\left(3\frac{2}{3}-2.2\right)\div3\frac{2}{3}\times2.5$

② $2\frac{2}{3}\times1.75+3.5-2\frac{1}{3}$

③ $3.6+1.6\times1\frac{7}{18}\div6\frac{2}{3}$

④ $\left(9.5\div2\frac{3}{8}-2\frac{5}{9}\right)\times2.25$

⑤ $4.25\div5\frac{2}{3}\times\left(3\frac{3}{4}-1\frac{1}{6}\right)$

26日 復習テスト(13)

1 計算をしなさい。(1つ10点)

① $0.4\times\frac{5}{7}-\frac{1}{14}$

② $\frac{3}{7}\div0.125\times2.75$

③ $1\frac{1}{14}\times1.4-0.5$

④ $\left(\frac{7}{16}-\frac{1}{8}\right)\times0.16$

⑤ $\left(\frac{5}{6}+0.5\right)\div\frac{1}{2}$

★**2** 計算をしなさい。(1つ10点)

① $\left(0.4+\frac{3}{5}\right)\times\frac{1}{4}-0.25$

② $\left(1.625-\frac{3}{8}-\frac{1}{25}\right)\div2.4$

③ $3.5\div0.07-5.4\times1\frac{2}{3}$

④ $\left(2.8+2\frac{1}{3}\right)\times1\frac{4}{11}-5.84$

⑤ $1\frac{5}{12}\times4.8+1.75\div2\frac{1}{3}$

復習テスト(14)

時間 20分 【はやい15分・おそい25分】 合格 80点 得点 点

1 計算をしなさい。(1つ10点)

① $2\frac{5}{6}+3.75\div2\frac{1}{2}$

② $3\frac{4}{7}\div1\frac{2}{3}-1.2$

③ $1\frac{2}{3}\div2\frac{1}{6}\times2.6$

④ $0.45\div\left(0.4-\frac{1}{3}\right)$

⑤ $\left(3\frac{1}{4}-0.75\right)\times\frac{16}{25}$

★ **2** 計算をしなさい。(1つ10点)

① $\frac{7}{8}\times\left(1-\frac{3}{7}\right)\div0.625$

② $\frac{3}{11}\div\left(1\frac{9}{22}-0.5\right)\times3\frac{1}{3}$

③ $\frac{3}{4}\div0.125\times\left(\frac{5}{6}-\frac{5}{9}\right)$

④ $4\frac{3}{8}\div2.5+1.2\times2.25$

⑤ $9.8\times5\frac{5}{7}\div6.4+1.5$

xの値を求める計算 (1)

$x\times0.4=60$, $1\frac{1}{3}-x=\frac{1}{2}$ のxの値(あたい)の求め方

計算のしかた

❶ $x\times0.4=60$
$x=60\div0.4$
$x=150$
（わり算を使う）

❷ $1\frac{1}{3}-x=\frac{1}{2}$
$x=1\frac{1}{3}-\frac{1}{2}$
$x=\frac{5}{6}$
（ひき算を使う）

□をうめて，計算のしかたを覚えよう。

❶ $x\times0.4=60$ の式から，xの値を求めるには，わり算を使って，
$x=60$ ① □ $0.4=$ ② □ になります。

❷ $1\frac{1}{3}-x=\frac{1}{2}$ の式から，xの値を求めるには，ひき算を使って，
$x=1\frac{1}{3}-$ ③ □ $=$ ④ □ になります。

覚えよう

xの値を求めるには，次のように考えます。

- $x+●=▲$，$●+x=▲$ では，$x=▲-●$
- $x-●=▲$ では，$x=▲+●$　　$●-x=▲$ では，$x=●-▲$
- $x\times●=▲$，$●\times x=▲$ では，$x=▲\div●$
- $x\div●=▲$ では，$x=▲\times●$　　$●\div x=▲$ では，$x=●\div▲$

計算してみよう

時間 20分【はやい15分・おそい25分】 正答 /16個
合格 13個

1 xの値(あたい)を求めなさい。

① $x+14.7=26$

② $x-3.7=11.9$

③ $20.8\times x=15.6$

④ $x\times 17.6=44$

⑤ $x\div 2.8=5.6$

⑥ $x\div 4.6=8.2$

⑦ $\frac{3}{5}\times x=\frac{2}{3}$

⑧ $\frac{2}{5}\times x=3$

⑨ $\frac{3}{4}\times x=\frac{5}{6}$

⑩ $\frac{3}{5}\times x=\frac{2}{5}$

⑪ $x\times\frac{1}{9}=\frac{2}{27}$

⑫ $\frac{3}{5}\times x=\frac{1}{2}$

⑬ $\frac{5}{8}\div x=3\frac{1}{3}$

⑭ $x\div 3\frac{2}{3}=\frac{2}{5}$

2 xの値を求めなさい。

① $2\frac{1}{3}\div x=3.5$

★② $\frac{41-x}{48}=\frac{5}{12}$

月　日

xの値を求める計算 (2)

$9-8\times x=\frac{1}{2}$ のxの値（あたい）の求め方

計算のしかた

❶ $9-8\times x=\frac{1}{2}$　←$9-■=\frac{1}{2}$ と考える

ひとまとまりとみる

ひき算を使う

$8\times x=9-\frac{1}{2}$

❷ $8\times x=8\frac{1}{2}$

わり算を使う

$x=8\frac{1}{2}\div 8$

$x=\frac{17}{16}=1\frac{1}{16}$

□をうめて，計算のしかたを覚えよう。

❶ $8\times x$ をひとまとまりとみます。ひき算を使って，

$8\times x=9$ ① $\frac{1}{2}$ として計算します。

9 ① $\frac{1}{2}=8\frac{2}{2}$ ① $\frac{1}{2}=$ ② だから，

$8\times x=$ ② になります。

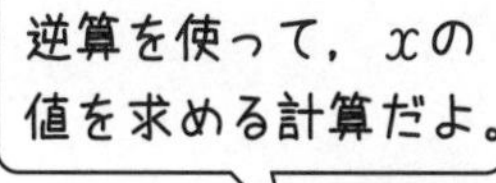

❷ $8\times x=$ ② より，わり算を使って，

$x=$ ② $\div 8=\frac{17}{2}\times$ ③ $=\frac{17}{16}=$ ④ になります。

覚えよう　xをふくむ部分をひとまとまりとみて計算します。

計算してみよう

時間 20分【はやい15分・おそい25分】 正答 

合格 9個 ／12個

1 x の値(あたい)を求めなさい。

① $(x-1.4)\div0.5=4$

② $(7.2-x)\div0.8=3.25$

③ $\left(x-1\frac{1}{3}\right)\div4=\frac{5}{6}$

④ $(x+0.75)\div5=\frac{4}{15}$

⑤ $24.5-\frac{3}{4}\times x=24$

⑥ $1\frac{1}{5}\div x\times\frac{3}{4}=\frac{9}{40}$

⑦ $\frac{4}{5}\times x\div\frac{3}{5}=1\frac{1}{3}$

⑧ $\left(x-\frac{1}{8}\right)\times4=\frac{1}{2}$

⑨ $\frac{4}{5}\times\left(x+\frac{1}{3}\right)=\frac{2}{3}$

⑩ $\left(x-\frac{1}{3}\right)\div\frac{5}{6}=\frac{1}{2}$

2 x の値を求めなさい。

① $41.08\div(3.6+x)=7.9$

★② $4\frac{3}{5}-\frac{2}{3}\div x=2\frac{14}{15}$

29日 復習テスト(15)

月　日

時間 20分 【はやい15分・おそい25分】
合格 80点
得点　　点

1 xの値(あたい)を求めなさい。(1つ7点)

① $x+3.9=10.7$

② $x-5.6=14.4$

③ $4.6\times x=14.72$

④ $x\div 3.6=8.5$

⑤ $2-x=\frac{5}{7}$

⑥ $x+\frac{3}{5}=1\frac{2}{7}$

⑦ $11\frac{1}{3}-x=1\frac{1}{2}$

⑧ $x\times\frac{5}{8}=\frac{5}{16}$

⑨ $\frac{3}{8}\times x=\frac{1}{3}$

⑩ $\frac{4}{9}\div x=\frac{5}{6}$

⑪ $x\div\frac{3}{4}=1\frac{1}{3}$

⑫ $1\frac{1}{8}\div x=\frac{9}{14}$

2 xの値を求めなさい。(1つ8点)

① $\left(x-\frac{3}{4}\right)\div 1\frac{1}{3}=\frac{1}{8}$

★② $0.36\div x\times\frac{1}{4}=0.75$

復習テスト(16)

時間 20分 【はやい15分・おそい25分】 合格 80点 得点 

1 xの値(あたい)を求めなさい。(1つ8点)

① $(198.1-1.981)\div x=19.81$

② $(x-10.6)\times 0.31=2.914$

③ $x\div\frac{5}{9}+\frac{2}{5}=1.8$

④ $\frac{5}{6}-0.625\times x=\frac{5}{9}$

★⑤ $\frac{x-4}{5}+2=3$

⑥ $\left(\frac{1}{5}+x\right)\times 1\frac{3}{7}=\frac{3}{7}$

⑦ $\left(\frac{7}{8}-x\right)\div\frac{2}{3}=\frac{3}{8}$

⑧ $\left(1\frac{1}{2}-x\right)\div\frac{3}{4}=\frac{2}{3}$

⑨ $\left(x-\frac{1}{4}\right)\div 3\frac{2}{5}=\frac{3}{17}$

★⑩ $\frac{17+x}{35}=0.8$

★**2** xの値を求めなさい。(1つ10点)

① $\frac{5}{14}\times 1\frac{13}{15}\div x=2-1\frac{1}{4}$

② $\frac{56-10\times x}{8}=0.75$

まとめテスト (7)

月　日

時間 25分【はやい20分・おそい30分】　合格 80点　得点　点

1 xの値(あたい)を求めなさい。(①②1つ7点, ③~⑥1つ8点)

① $\frac{6}{7}\times x=\frac{4}{7}$

② $\frac{5}{6}\times x+\frac{1}{2}=\frac{7}{9}$

③ $\frac{2}{5}\times\left(x-\frac{1}{3}\right)=\frac{2}{3}$

④ $(1.6\times x+0.2)+1=1.4$

⑤ $(2.8-x)\times 1\frac{1}{2}=3$

⑥ $8\times x\div 2\frac{2}{5}=1\frac{2}{3}$

2 計算をしなさい。(1つ9点)

① $0.72-\frac{7}{12}\times\frac{6}{7}$

② $3.04-0.8\div 3\frac{1}{3}$

③ $0.36\div 1\frac{1}{8}\times 1.25$

3 計算をしなさい。(1つ9点)

① $\left(4\frac{1}{5}-2\frac{9}{25}\right)\div 2\frac{3}{10}$

② $(0.65-0.2)\times\frac{5}{18}$

③ $3.3-2.32\div 2\frac{9}{10}$

まとめテスト(8)

時間 25分【はやい20分・おそい30分】
合格 80点
得点 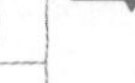 点

1 計算をしなさい。（1つ10点）

① $\frac{5}{6}\div\frac{2}{3}-\frac{7}{12}\times1\frac{1}{7}$

② $\frac{4}{15}\times\frac{3}{7}\div\frac{2}{13}-\frac{3}{5}$

③ $\frac{8}{9}\times\frac{1}{8}+\frac{3}{4}\div3\frac{3}{8}$

④ $\frac{1}{2}\times\left(\frac{1}{3}+\frac{1}{4}\right)\div1\frac{1}{6}$

⑤ $0.5+\frac{5}{6}-\frac{3}{4}\times\frac{5}{6}$

2 計算をしなさい。（1つ10点）

① $2\frac{1}{7}\div3\frac{3}{4}+\frac{1}{2}-\frac{1}{4}$

② $\frac{1}{2}-1\frac{1}{8}\div2\frac{7}{10}\times\frac{14}{15}$

③ $3\frac{11}{15}\div1\frac{3}{5}-1\frac{1}{24}\times1\frac{7}{25}$

④ $6\frac{3}{8}-\left(2\frac{1}{7}\times2\frac{1}{10}-2\frac{3}{4}\right)$

⑤ $3\frac{1}{16}-4.5\times1.25\div7.5$

進級テスト(1)

月　日

時間 40分【はやい35分・おそい45分】
合格 80点
得点　　点

1 x の値(あたい)を求めなさい。(1つ2点)

① $10:13=x:91$

② $4.3:2.6=x:13$

③ $0.75:2.25=x:3$

④ $\frac{1}{6}:\frac{1}{10}=5:x$

⑤ $2\frac{2}{3}:1\frac{5}{6}=x:11$

⑥ $5-x=\frac{4}{7}$

⑦ $\frac{1}{3}\div x=\frac{5}{12}$

⑧ $\left(\frac{2}{7}+x\right)\times 7=9$

⑨ $1-\left(\frac{4}{5}-x\right)=\frac{7}{20}$

⑩ $74-x\times\frac{1}{4}=67$

2 計算をしなさい。(1つ4点)

① $4\frac{1}{2}-2\frac{1}{5}\times 1\frac{4}{7}$

② $\frac{4}{5}\times\left(\frac{7}{8}+\frac{5}{6}\right)$

③ $\left(2\frac{5}{11}-2\frac{1}{3}\right)\div 1\frac{5}{7}$

④ $0.75\div\frac{4}{7}-\frac{5}{8}$

3 (　)の中の単位で表しなさい。(1つ2点)

① 500 m^2　(a)

② 0.75 ha　(a)

③ 62000 cm^2　(m^2)

④ 700 mL　(L)

⑤ 5 m^3　(L)

⑥ 3.6 m^3　(cm^3)

⑦ 1700 kg　(t)

⑧ 0.2 g　(mg)

★4 計算をしなさい。(1つ6点)

① $1\frac{7}{9}-\frac{3}{4}+2\frac{5}{6}-1\frac{2}{3}$

② $3\frac{1}{13}\div5\frac{1}{3}\times3\frac{9}{19}\div2\frac{3}{26}$

③ $\frac{3}{4}+\frac{7}{9}\div\frac{7}{15}-\frac{11}{12}$

④ $7\frac{5}{6}+7\frac{1}{9}\times1\frac{13}{14}\div6\frac{6}{7}$

⑤ $\left(\frac{7}{8}-\frac{1}{4}\right)\times\frac{4}{5}\div\frac{3}{7}$

⑥ $3\frac{1}{4}+\left(3\frac{7}{8}-1\frac{3}{4}\right)\div1\frac{19}{32}$

⑦ $0.72\div\frac{27}{40}\div\frac{32}{35}+\frac{5}{18}$

⑧ $8\frac{3}{5}-6\frac{1}{4}+2.5\div3\frac{4}{7}$

月	日

進級テスト(2)

時間 40分【はやい35分・おそい45分】
合格 80点
得点　　点

1 x の値(あたい)を求めなさい。(1つ2点)

① $5:7=x:35$

② $5:9=110:x$

③ $\frac{2}{9}:\frac{1}{6}=x:3$

④ $1\frac{2}{3}:1.75=x:21$

⑤ $x\times8+6=54$

⑥ $48\div x-4=2$

⑦ $12\div(x-3)=2$

⑧ $\frac{5}{6}\times x+\frac{1}{2}=\frac{7}{9}$

⑨ $\left(x+3\frac{1}{3}\right)\times3\frac{3}{4}=15$

⑩ $\frac{2}{5}\times\left(x-\frac{1}{3}\right)=\frac{2}{3}$

2 計算をしなさい。(1つ4点)

① $2-\frac{4}{5}\div\frac{4}{9}$

② $2\frac{5}{8}\times1\frac{3}{5}\div3\frac{1}{2}$

③ $\frac{3}{4}\times\left(1\frac{5}{6}-\frac{1}{2}\right)$

④ $3\div\left(0.8-\frac{1}{5}\right)$

3 (　)の中の単位で表しなさい。(1つ2点)

① 2.7 a　(m^2)　　② 2800 m^2　(ha)

③ 0.43 m^2　(cm^2)　　④ 300 mL　(L)

⑤ 700 L　(m^3)　　⑥ 450000 cm^3　(m^3)

⑦ 0.72 kg　(g)　　⑧ 0.04 t　(kg)

★**4** 計算をしなさい。(1つ6点)

① $\frac{1}{2}-\frac{2}{5}+\frac{5}{6}-\frac{8}{15}$

② $\frac{8}{9}\div\frac{2}{3}\times\frac{3}{10}\div\frac{5}{6}$

③ $2\frac{2}{3}\times1\frac{3}{4}+4\div1\frac{1}{5}$

④ $\frac{3}{5}\times1\frac{2}{3}+1\frac{1}{6}\div\frac{7}{10}$

⑤ $\frac{5}{16}\div\left(\frac{2}{3}-\frac{1}{4}\right)\times\frac{5}{6}$

⑥ $\left(\frac{3}{5}-\frac{3}{7}\right)\div\frac{4}{7}\times1\frac{2}{3}$

⑦ $3\frac{2}{3}\times1\frac{1}{5}-1.25\div\frac{1}{2}$

⑧ $4.2\div1\frac{1}{2}+0.4\times\frac{1}{3}$

解答 計算 2級

●1ページ

1 ①$5\frac{5}{6}$ ②9 ③12 ④$177\frac{6}{7}$ ⑤$\frac{11}{20}$

⑥$1\frac{1}{2}$ ⑦$3\frac{1}{3}$ ⑧$2\frac{4}{7}$ ⑨15 ⑩$\frac{7}{12}$

⑪$\frac{4}{9}$ ⑫$6\frac{3}{4}$

チェックポイント　分数をかける計算は，次の順にします。
①帯分数は仮分数に直す。
②分母どうしの積を分母に，分子どうしの積を分子とする分数をつくる。
③約分できるときは，約分する。
答えは仮分数でも正解ですが，帯分数に直すと大きさがわかりやすくなります。

計算のしかた

小数は分数に直してから計算する。

⑩$0.7=\frac{7}{10}$ ⑪$0.25=\frac{1}{4}$ ⑫$2.625=2\frac{5}{8}$

2 ①18 ②80 ③68 ④7 ⑤8 ⑥338

チェックポイント　xの値（あたい）を求める計算は，順に逆算をしていきます。

計算のしかた

③$103-x=35$　$x=103-35=68$
⑤$48\div x=6$　$x=48\div 6=8$

●2ページ

1 ①$13\frac{1}{2}$ ②$2\frac{2}{3}$ ③$21\frac{1}{8}$ ④54 ⑤$\frac{4}{5}$

⑥$\frac{2}{3}$ ⑦$3\frac{3}{4}$ ⑧$7\frac{1}{2}$ ⑨$\frac{4}{27}$ ⑩$1\frac{1}{3}$

⑪$1\frac{1}{2}$ ⑫$\frac{6}{7}$

チェックポイント　分数でわる計算は，わる数の分母と分子を入れかえた数をかけます。

計算のしかた

小数は分数に直してから計算する。

⑪$0.9=\frac{9}{10}$ ⑫$2.25=2\frac{1}{4}$

2 ①$\frac{7}{15}$ ②$2\frac{1}{2}$ ③2 ④$2\frac{2}{3}$

チェックポイント　分数のかけ算とわり算の混じった計算は，わり算をわる数の分母と分子を入れかえてかけ算に直して，１つの式にまとめて計算します。とちゅうで約分できるものは，約分しておきます。

●3ページ

1 ①$1\frac{1}{2}$ ②10 ③4 ④$1\frac{1}{8}$ ⑤4

⑥$10\frac{2}{3}$ ⑦$3\frac{1}{9}$ ⑧3 ⑨$3\frac{3}{4}$ ⑩$1\frac{1}{3}$

計算のしかた

小数は分数に直してから計算する。

⑨$1.4=1\frac{2}{5}$ ⑩$2.8=2\frac{4}{5}$

2 ①$2\frac{1}{24}$ ②$\frac{2}{9}$ ③$5\frac{5}{7}$ ④$1\frac{1}{2}$

チェックポイント　３つの分数のかけ算，わり算では，かけ算は分母どうし，分子どうし，わり算は分母と分子を入れかえた数をかけます。約分を忘（わす）れないように注意しましょう。

計算のしかた

小数は分数に直してから計算する。

③$3.2=3\frac{1}{5}$ ④$1.6=1\frac{3}{5}$

●4ページ

1 ①1 ②$\frac{5}{8}$ ③$\frac{5}{7}$ ④$\frac{21}{40}$ ⑤$1\frac{1}{2}$

⑥$2\frac{11}{27}$ ⑦$2\frac{2}{3}$ ⑧6

チェックポイント 計算をしていくとちゅうで，13，26 などの数が出てきたときには，くれぐれも約分できないか注意しましょう。

計算のしかた

① $\frac{3}{4}\times\frac{4}{5}\div\frac{3}{5}=\frac{3\times4\times5}{4\times5\times3}=1$

③ $\frac{6}{7}\times1\frac{1}{2}\div1\frac{4}{5}=\frac{6}{7}\times\frac{3}{2}\div\frac{9}{5}=\frac{6\times3\times5}{7\times2\times9}=\frac{5}{7}$

④ $2\frac{2}{5}\div1\frac{5}{7}\times\frac{3}{8}=\frac{12}{5}\div\frac{12}{7}\times\frac{3}{8}$

$=\frac{12\times7\times3}{5\times12\times8}=\frac{21}{40}$

⑤ $1\frac{3}{5}\times2\frac{1}{4}\div2\frac{2}{5}=\frac{8}{5}\times\frac{9}{4}\div\frac{12}{5}=\frac{8\times9\times5}{5\times4\times12}$

$=\frac{3}{2}=1\frac{1}{2}$

⑥ $2\frac{8}{9}\times1\frac{2}{13}\div1\frac{5}{13}=\frac{26}{9}\times\frac{15}{13}\div\frac{18}{13}$

$=\frac{26\times15\times13}{9\times13\times18}=\frac{65}{27}=2\frac{11}{27}$

⑧ $3\frac{1}{7}\div1\frac{5}{6}\times3.5=\frac{22}{7}\div\frac{11}{6}\times\frac{7}{2}$

$=\frac{22\times6\times7}{7\times11\times2}=6$

2 ①8　②56　③12　④5　⑤64　⑥11

チェックポイント (　)の中に x がふくまれているときは，(　)以外の部分を先に逆算してから，x の値を求めます。

計算のしかた

⑤ $(x-16)\div12=4$　$x-16=4\times12$

$x-16=48$　$x=48+16=64$

⑥ $(15+x)\times8=208$　$15+x=208\div8$

$15+x=26$　$x=26-15=11$

●5ページ

□内　①24　② $\frac{2}{3}$　③23　④20

⑤ $1\frac{1}{2}$

●6ページ

1 ① $\frac{2}{3}$　② $\frac{3}{5}$　③3　④ $2\frac{1}{2}$　⑤ $\frac{5}{7}$　⑥ $\frac{3}{5}$

⑦ $1\frac{1}{3}$　⑧ $1\frac{1}{7}$　⑨ $\frac{1}{3}$　⑩ $\frac{1}{2}$　⑪ $1\frac{1}{2}$　⑫ $2\frac{6}{7}$

⑬ $2\frac{1}{7}$　⑭15　⑮ $\frac{3}{4}$　⑯ $1\frac{1}{3}$　⑰ $\frac{4}{15}$　⑱ $\frac{6}{7}$

⑲ $\frac{7}{8}$　⑳ $1\frac{3}{25}$

チェックポイント $a:b$ の比の値は $a\div b=\frac{a}{b}$ として求めます。小数や分数で表されている比は，$a\div b$ の式にあてはめて，比の値を求めます。

計算のしかた

① $8\div12=\frac{8}{12}=\frac{2}{3}$

③ $12\div4=\frac{12}{4}=3$

④ $25\div10=\frac{25}{10}=\frac{5}{2}=2\frac{1}{2}$

⑥ $75\div125=\frac{75}{125}=\frac{3}{5}$

⑧ $1000\div875=\frac{1000}{875}=\frac{8}{7}=1\frac{1}{7}$

⑪ $1.2\div0.8=12\div8=\frac{12}{8}=\frac{3}{2}=1\frac{1}{2}$

⑬ $7.5\div3.5=75\div35=\frac{75}{35}=\frac{15}{7}=2\frac{1}{7}$

⑭ $9\div0.6=90\div6=15$

⑯ $\frac{2}{5}\div\frac{3}{10}=\frac{2}{5}\times\frac{10}{3}=\frac{4}{3}=1\frac{1}{3}$

⑰ $\frac{2}{9}\div\frac{5}{6}=\frac{2}{9}\times\frac{6}{5}=\frac{4}{15}$

⑲ $\frac{7}{12}\div\frac{2}{3}=\frac{7}{12}\times\frac{3}{2}=\frac{7}{8}$

●7ページ

□内 ①5 ②5 ③3 ④75 ⑤5

●8ページ

1 ①20 ②24 ③20 ④49 ⑤8 ⑥30 ⑦144 ⑧48 ⑨3 ⑩5 ⑪5 ⑫7 ⑬2 ⑭3 ⑮3 ⑯7

チェックポイント 「外側の２つの数の積は内側の２つの数の積に等しい」という性質を利用すると，$a:b=c:x$ の x の値（あたい）は，$x=b\times c\div a$ として求めることができます。

$a:b=c:d$

計算のしかた

② $3:8=9:x$

$3\times3=9$ だから，$x=8\times3=24$

または，$3\times x=8\times9$

$x=8\times9\div3=24$

⑥ $5:8=x:48$

$8\times6=48$ だから，$x=5\times6=30$

または，$8\times x=5\times48$

$x=5\times48\div8=30$

⑩ $12:60=1:x$

$12\div12=1$ だから，$x=60\div12=5$

または，$12\times x=60\times1$

$x=60\times1\div12=5$

⑭ $66:44=x:2$

$44\div22=2$ だから，$x=66\div22=3$

または，$44\times x=66\times2$

$x=66\times2\div44=3$

●9ページ

1 ① $\frac{2}{5}$ ② $1\frac{3}{4}$ ③ $\frac{9}{13}$ ④ $2\frac{1}{3}$ ⑤ $\frac{7}{10}$ ⑥4 ⑦ $\frac{1}{2}$ ⑧ $\frac{15}{16}$

2 ①4 ②8 ③4 ④11 ⑤8 ⑥75 ⑦135 ⑧156

●10ページ

1 ① $\frac{7}{9}$ ② $1\frac{2}{5}$ (1.4) ③ $1\frac{9}{11}$ ④ $1\frac{1}{7}$ ⑤10 ⑥ $1\frac{7}{17}$ ⑦ $2\frac{2}{5}$ (2.4) ⑧ $1\frac{1}{4}$ (1.25) ⑨ $\frac{8}{21}$ ⑩ $\frac{22}{27}$

2 ①42 ②99 ③26 ④8 ⑤7 ⑥12

●11ページ

□内 ①0.6 ②5 ③10 ④ $\frac{5}{12}$ ⑤9

●12ページ

1 ①3 ②5 ③2 ④84 ⑤14 ⑥9 ⑦12 ⑧5 ⑨3 ⑩49 ⑪20 ⑫28 ⑬3 ⑭6 ⑮26 ⑯35

チェックポイント 小数や分数で表された比の x の値（あたい）を求める場合でも，「外側の２つの数の積は内側の２つの数の積に等しい」という性質を利用できます。

計算のしかた

② $0.4:2=1:x$

$0.4\times2.5=1$ だから，$x=2\times2.5=5$

または，$0.4\times x=2\times1$

$x=2\times1\div0.4=5$

⑤ $4.2:2.7=x:9$

$2.7\div0.3=9$ だから，$x=4.2\div0.3=14$

または，$2.7\times x=4.2\times9$

$x=4.2\times9\div2.7=14$

⑩ $\frac{5}{7}:\frac{7}{9}=45:x$　$\frac{5}{7}\times x=\frac{7}{9}\times45$

$x=\frac{7}{9}\times45\div\frac{5}{7}=49$

⑭ $\frac{4}{5}:\frac{2}{3}=x:5$　$\frac{2}{3}\times x=\frac{4}{5}\times5$

$x=\frac{4}{5}\times5\div\frac{2}{3}=6$

⑯ $\frac{7}{15}:\frac{13}{25}=x:39$　$\frac{13}{25}\times x=\frac{7}{15}\times39$

$x=\frac{7}{15}\times39\div\frac{13}{25}=35$

●13ページ

□内 ①10 ②5 ③10000 ④100 ⑤20 ⑥10000 ⑦700

●14ページ

1 ①3 a ②9 a ③200 m^2 ④800 m^2
⑤1 ha ⑥6 ha ⑦400 a ⑧70 a
⑨5 km^2 ⑩0.9 km^2 ⑪200 ha ⑫60 ha
⑬5 m^2 ⑭0.3 m^2 ⑮80000 cm^2
⑯100 cm^2 ⑰300 a ⑱0.4 km^2
⑲900 m^2 ⑳0.05 ha

チェックポイント 1 a=100 m^2,
1 ha=100 a, 1 km^2=100 ha,
1 km^2=10000 a, 1 ha=10000 m^2,
1 m^2=10000 cm^2
の関係を覚えておきましょう。
「1 a は1辺が10 m の正方形の面積，1 ha は1辺が100 m の正方形の面積」と覚えておくと，面積の単位のかん算がわかりやすくなります。

計算のしかた

①300 m^2=300÷(10×10) a=3 a
③2 a=2×(10×10) m^2=200 m^2
⑤100 a=100÷(10×10) ha=1 ha
⑧0.7 ha=0.7×(10×10) a=70 a
⑨500 ha=500÷(10×10) km^2=5 km^2
⑫0.6 km^2=0.6×(10×10) ha=60 ha
⑬50000 cm^2=50000÷(100×100) m^2
=5 m^2
⑯0.01 m^2=0.01×(100×100) cm^2
=100 cm^2
⑰0.03 km^2=0.03×(100×100) a=300 a
⑱4000 a=4000÷(100×100) km^2
=0.4 km^2
⑲0.09 ha=0.09×(100×100) m^2=900 m^2
⑳500 m^2=500÷(100×100) ha=0.05 ha

●15ページ

1 ①6 a ②50 m^2 ③0.7 ha ④8 a
⑤0.3 km^2 ⑥900 ha ⑦7 m^2
⑧2000 cm^2 ⑨0.05 km^2 ⑩6000 a
⑪0.8 ha ⑫20000 m^2

2 ①3 ②25 ③5 ④2 ⑤15 ⑥155

●16ページ

1 ①0.8 a ②400 m^2 ③5 ha ④30 a
⑤0.4 km^2 ⑥700 ha ⑦0.2 m^2
⑧900 cm^2 ⑨6 a ⑩30000 cm^2
⑪1 km^2 ⑫8000 m^2

2 ①8 ②7 ③5 ④16 ⑤52 ⑥184

●17ページ

1 ①$1\frac{6}{7}$ ②$\frac{8}{9}$ ③$\frac{3}{4}$ ④$3\frac{1}{8}$ ⑤$\frac{24}{25}$
⑥$1\frac{7}{57}$

2 ①13 ②11 ③153 ④2 ⑤4 ⑥24
⑦3 ⑧26 ⑨3 ⑩176

●18ページ

1 ①60 ②171 ③17 ④2 ⑤8 ⑥6
⑦10 ⑧3 ⑨4 ⑩92

2 ①700 m^2 ②0.5 ha ③800 ha
④0.4 m^2 ⑤300 cm^2 ⑥0.06 km^2
⑦1000 m^2 ⑧0.4 a ⑨20000 m^2
⑩0.0025 ha

●19ページ

□内 ①1000 ②5 ③1000 ④300
⑤1000000 ⑥1000 ⑦7000

●20ページ

1 ①2000 mL ②700 mL ③3 L
④0.08 L ⑤4000 L ⑥900 L ⑦7 kL
⑧0.3 kL ⑨6 m^3 ⑩0.2 kL ⑪8000 L
⑫400 L ⑬5 m^3 ⑭0.1 m^3 ⑮200 mL
⑯9 dL ⑰700 cm^3 ⑱0.8 dL
⑲1000000 cm^3 ⑳0.3 m^3

チェックポイント
1 L=1000 mL=10 dL=1000 cm^3,
1 kL=1000 L=1 m^3=1000000 cm^3
の関係を覚えておきましょう。

●21ページ

□内 ①1000 ②4000 ③1000
④0.07 ⑤1 ⑥5

●22ページ

1 ①4 kg ②100 g ③6 t ④0.08 t ⑤300 kg ⑥2650 kg ⑦2 g ⑧0.04 g ⑨700 mg ⑩150 mg ⑪2000000000 mg ⑫0.0005 t

チェックポイント 1 t=1000 kg, 1 kg=1000 g, 1 g=1000 mg の関係を覚えておきましょう。

計算のしかた

②0.1 kg=(0.1×1000)g=100 g
④80 kg=(80÷1000)t = 0.08 t
⑤0.3 t=(0.3×1000)kg=300 kg
⑧40 mg=(40÷1000)g=0.04 g
⑩0.15 g=(0.15×1000)mg=150 mg
⑪2 t={2×(1000×1000×1000)}mg
=2000000000 mg
⑫500000 mg={500000÷(1000×1000×1000)}t=0.0005 t

2 ①800 g ②300 g ③5 g ④2.4 t

計算のしかた

①水 1 L は 1000 g より, (0.8×1000)g=800 g
②水 1 dL は 100 g より, 3 dL は 300 g
④水 1 m^3 は 1 t より, 2.4 m^3 は 2.4 t

3 ①72 cm^3 ②800 cm^3 ③13000 cm^3 ④3.2 m^3

チェックポイント 水 1 t の体積は 1 kL(m^3), 1 kg の体積は 1 L, 100 g の体積は 1 dL, 1 g の体積は 1 mL(cm^3)です。

計算のしかた

①水 1 g は 1 cm^3 より, 72 g は 72 cm^3
③水 1 kg は 1000 cm^3 より,
13 kg は 13000 cm^3
④水 1 t は 1 m^3 より, 3.2 t は 3.2 m^3

●23ページ

1 ①8000 mL ②0.4 L ③3000 L ④0.6 kL ⑤20 L ⑥9 m^3 ⑦0.8 m^3 ⑧1.06 kL ⑨500 kg ⑩7 t ⑪30 mg ⑫0.8 g

2 ①0.7 g ②500 g ③0.02 kg ④9.5 t

3 ①5 m^3 ②900 cm^3 ③750 cm^3 ④6.5 cm^3

●24ページ

1 ①500 mL ②0.8 L ③3 mL ④90000 L ⑤0.2 kL ⑥70 L ⑦0.8 m^3 ⑧6 kL ⑨900 cm^3 ⑩0.05 dL ⑪0.7 kL ⑫400000 cm^3 ⑬0.013 m^3 ⑭2000000 mL ⑮0.75 kL ⑯0.4 t ⑰1300 kg ⑱8000 mg ⑲0.072 g ⑳40000000 mg

●25ページ

□内 ①3 ②8 ③$\frac{20}{24}$ ④9 ⑤$\frac{19}{24}$

●26ページ

1 ①$1\frac{31}{100}$ ②$1\frac{31}{60}$ ③$\frac{7}{12}$ ④$3\frac{7}{36}$ ⑤$\frac{97}{114}$

チェックポイント 分数のたし算, ひき算は, 通分して, 分母を同じにしてから計算します。

計算のしかた

①$\frac{1}{2}+\frac{3}{4}+\frac{1}{10}-\frac{1}{25}$
$=\frac{50}{100}+\frac{75}{100}+\frac{10}{100}-\frac{4}{100}=\frac{131}{100}$
$=1\frac{31}{100}$

②$\frac{2}{3}+\frac{9}{20}+\frac{4}{5}-\frac{2}{5}=\frac{40}{60}+\frac{27}{60}+\frac{48}{60}-\frac{24}{60}$
$=\frac{91}{60}=1\frac{31}{60}$

⑤$1-\left(\frac{1}{2}-\frac{9}{19}+\frac{7}{57}\right)$
$=1-\left(\frac{57}{114}-\frac{54}{114}+\frac{14}{114}\right)=1-\frac{17}{114}$
$=\frac{97}{114}$

2 ①$3\frac{1}{6}$　②$\frac{1}{3}$　③$\frac{11}{24}$　④$12\frac{29}{30}$　⑤$\frac{47}{48}$

チェックポイント　通分するときは，分母の数の最小公倍数を求めます。(　)のあるときは，(　)の中を先に計算します。

計算のしかた

②$2\frac{5}{6}-1\frac{3}{20}-\frac{3}{4}-\frac{3}{5}$

$=2\frac{50}{60}-1\frac{9}{60}-\frac{45}{60}-\frac{36}{60}=2\frac{50}{60}-1\frac{90}{60}$

$=1\frac{110}{60}-1\frac{90}{60}=\frac{20}{60}=\frac{1}{3}$

③$2\frac{3}{8}-1\frac{5}{6}+1\frac{7}{12}-1\frac{2}{3}$

$=2\frac{9}{24}-1\frac{20}{24}+1\frac{14}{24}-1\frac{16}{24}$

$=3\frac{23}{24}-2\frac{36}{24}=2\frac{47}{24}-2\frac{36}{24}=\frac{11}{24}$

⑤$7\frac{5}{12}-\left(3\frac{13}{16}-2\frac{1}{4}+4\frac{7}{8}\right)$

$=7\frac{5}{12}-\left(3\frac{13}{16}-2\frac{4}{16}+4\frac{14}{16}\right)$

$=7\frac{5}{12}-6\frac{7}{16}=7\frac{20}{48}-6\frac{21}{48}=\frac{47}{48}$

●27 ページ

□内　①$\frac{13}{8}$　②3　③$\frac{10}{7}$　④$\frac{1}{4}$

●28 ページ

1 ①$\frac{5}{6}$　②$\frac{1}{21}$　③$3\frac{13}{25}$　④16　⑤$\frac{2}{21}$

チェックポイント　分数のかけ算とわり算は，まず帯分数を仮分数に直し，わる数の分母と分子を入れかえた数をかけて，１つの式に表し，約分します。

計算のしかた

①$\frac{5}{6}\div\frac{14}{15}\div\frac{5}{7}\times\frac{2}{3}=\frac{5\times15\times7\times2}{6\times14\times5\times3}=\frac{5}{6}$

③$\frac{16}{17}\times\frac{22}{45}\div\frac{5}{34}\times1\frac{1}{8}=\frac{16\times22\times34\times9}{17\times45\times5\times8}$

$=\frac{88}{25}=3\frac{13}{25}$

④$1\frac{1}{2}\div\frac{3}{8}\times\frac{3}{4}\div\frac{3}{16}=\frac{3\times8\times3\times16}{2\times3\times4\times3}=16$

2 ①$\frac{1}{3}$　②1　③$1\frac{11}{14}$　④$1\frac{1}{18}$　⑤$\frac{4}{5}$

チェックポイント　帯分数は仮分数に直してから計算します。約分するのを忘(わす)れないようにしましょう。

計算のしかた

②$1\frac{2}{3}\times1\frac{3}{4}\times1\frac{2}{7}\div3\frac{3}{4}=\frac{5\times7\times9\times4}{3\times4\times7\times15}=1$

③$1\frac{5}{8}\div5\frac{1}{5}\times2\frac{4}{7}\times2\frac{2}{9}$

$=\frac{13\times5\times18\times20}{8\times26\times7\times9}=\frac{25}{14}=1\frac{11}{14}$

④$11\frac{4}{7}\div3\frac{3}{5}\div1\frac{13}{14}\div1\frac{11}{19}$

$=\frac{81\times5\times14\times19}{7\times18\times27\times30}=\frac{19}{18}=1\frac{1}{18}$

⑤$3\frac{13}{14}\div8\frac{4}{5}\times4\frac{4}{25}\div2\frac{9}{28}$

$=\frac{55\times5\times104\times28}{14\times44\times25\times65}=\frac{4}{5}$

●29 ページ

1 ①$\frac{1}{60}$　②$\frac{7}{24}$　③$\frac{7}{60}$　④$1\frac{19}{30}$　⑤$\frac{5}{57}$

2 ①$\frac{1}{10}$　②$\frac{3}{10}$　③$\frac{1}{4}$　④$1\frac{13}{27}$　⑤$1\frac{13}{15}$

●30 ページ

1 ①$15\frac{15}{16}$　②$6\frac{15}{16}$　③2　④$\frac{31}{36}$

2 ①$1\frac{5}{7}$　②$\frac{12}{25}$　③$\frac{1}{3}$　④$3\frac{1}{5}$　⑤3

⑥ $1\frac{3}{5}$

●31 ページ

1 ① 6000 mL　② 0.45 kL　③ 2.3 m³
④ 4 dL　⑤ 0.05 m³　⑥ 0.56 kg　⑦ 0.38 t
⑧ 410 kg　⑨ 1200 mg　⑩ 2040 g

2 ① $\frac{17}{18}$　② $\frac{3}{8}$　③ $\frac{1}{2}$　④ $\frac{4}{9}$　⑤ $1\frac{8}{27}$

●32 ページ

1 ① 2300 mL　② 4.6 L　③ 6.3 kL
④ 1.1 kL　⑤ 2.3 dL　⑥ 130 g　⑦ 40 kg
⑧ 0.25 g　⑨ 400000000 mg　⑩ 0.08 kg

2 ① $\frac{1}{2}$　② $\frac{17}{36}$　③ $4\frac{1}{6}$　④ $7\frac{7}{8}$　⑤ $\frac{7}{8}$

●33 ページ

□内　① $\frac{3}{5}$　② $\frac{12}{20}$　③ $\frac{3}{20}$　④ $\frac{8}{3}$　⑤ $\frac{8}{9}$

⑥ $3\frac{2}{9}$

●34 ページ

1 ① $\frac{13}{20}$　② $\frac{29}{35}$　③ $\frac{13}{30}$　④ $\frac{4}{21}$　⑤ $\frac{23}{30}$

⑥ $\frac{1}{15}$　⑦ $\frac{11}{24}$　⑧ $\frac{1}{2}$

チェックポイント　たし算，ひき算，かけ算，わり算の混じっている分数の式の計算は，かけ算，わり算を先に計算します。

計算のしかた

① $\frac{4}{5}-\frac{3}{5}\times\frac{1}{4}=\frac{4}{5}-\frac{3}{20}=\frac{16}{20}-\frac{3}{20}=\frac{13}{20}$

④ $\frac{6}{7}-\frac{5}{8}\div\frac{15}{16}=\frac{6}{7}-\frac{\overset{1}{\cancel{5}}\times\overset{2}{\cancel{16}}}{\underset{1}{\cancel{8}}\times\underset{3}{\cancel{15}}}=\frac{6}{7}-\frac{2}{3}$

$=\frac{18}{21}-\frac{14}{21}=\frac{4}{21}$

⑧ $\frac{14}{15}\div\frac{7}{10}-\frac{5}{6}=\frac{\overset{2}{\cancel{14}}\times\overset{2}{\cancel{10}}}{\underset{3}{\cancel{15}}\times\underset{1}{\cancel{7}}}-\frac{5}{6}=\frac{4}{3}-\frac{5}{6}$

$=\frac{8}{6}-\frac{5}{6}=\frac{3}{6}=\frac{1}{2}$

2 ① $1\frac{11}{36}$　② $4\frac{9}{77}$　③ $2\frac{29}{120}$　④ $2\frac{19}{35}$

チェックポイント　かけ算，わり算の部分の計算が約分できるときは約分してから，たし算，ひき算をします。

計算のしかた

② $2\frac{5}{11}+2\frac{2}{7}\div1\frac{3}{8}=2\frac{5}{11}+\frac{16\times8}{7\times11}$

$=2\frac{5}{11}+1\frac{51}{77}=2\frac{35}{77}+1\frac{51}{77}=4\frac{9}{77}$

③ $4\frac{1}{6}-3\frac{3}{10}\div1\frac{5}{7}=4\frac{1}{6}-\frac{\overset{11}{\cancel{33}}\times7}{10\times\underset{4}{\cancel{12}}}$

$=4\frac{1}{6}-1\frac{37}{40}=4\frac{20}{120}-1\frac{111}{120}=2\frac{29}{120}$

④ $2\frac{1}{5}+2\frac{1}{7}\div6\frac{1}{4}=2\frac{1}{5}+\frac{\overset{3}{\cancel{15}}\times4}{7\times\underset{5}{\cancel{25}}}$

$=2\frac{1}{5}+\frac{12}{35}=2\frac{7}{35}+\frac{12}{35}=2\frac{19}{35}$

●35 ページ

□内　① $\frac{10}{15}$　② $\frac{7}{15}$　③ $\frac{1}{5}$　④ $9\frac{1}{6}$　⑤ $\frac{6}{55}$

⑥ $\frac{3}{10}$

●36 ページ

1 ① 8　② $\frac{17}{30}$　③ $\frac{1}{8}$　④ $\frac{1}{2}$　⑤ $\frac{5}{14}$　⑥ $\frac{2}{3}$

チェックポイント　(　)のある分数の式の計算は，(　)の中を先に計算します。

計算のしかた

① $\frac{2}{3}\div\left(\frac{1}{3}-\frac{1}{4}\right)=\frac{2}{3}\div\left(\frac{4}{12}-\frac{3}{12}\right)=\frac{2}{3}\div\frac{1}{12}$

$=\frac{2\times\overset{4}{\cancel{12}}}{\underset{1}{\cancel{3}}\times1}=8$

③ $\left(\frac{7}{8}-\frac{2}{3}\right)\times\frac{3}{5}=\left(\frac{21}{24}-\frac{16}{24}\right)\times\frac{3}{5}=\frac{5}{24}\times\frac{3}{5}$

$=\frac{\overset{1}{\cancel{5}}\times\overset{1}{\cancel{3}}}{\underset{8}{\cancel{24}}\times\underset{1}{\cancel{5}}}=\frac{1}{8}$

⑥ $\left(\frac{2}{3}-\frac{5}{12}\right)\div\frac{3}{8}=\left(\frac{8}{12}-\frac{5}{12}\right)\div\frac{3}{8}=\frac{3}{12}\div\frac{3}{8}$

$=\dfrac{3\times8}{12\times3}=\dfrac{2}{3}$

2 ① $13\dfrac{3}{10}$ ② $2\dfrac{5}{21}$ ③ $\dfrac{7}{44}$ ④ $1\dfrac{11}{26}$

> チェックポイント　計算のとちゅうで約分できるときは，約分をしてできるだけ簡単(かんたん)な分数の形にします。

計算のしかた

① $\left(2\dfrac{1}{6}+3\dfrac{3}{8}\right)\div\dfrac{5}{12}=\left(2\dfrac{4}{24}+3\dfrac{9}{24}\right)\div\dfrac{5}{12}$

$=5\dfrac{13}{24}\div\dfrac{5}{12}=\dfrac{133\times12}{24\times5}=\dfrac{133}{10}=13\dfrac{3}{10}$

② $\left(2\dfrac{4}{9}+1\dfrac{2}{7}\right)\div1\dfrac{2}{3}=\dfrac{235\times3}{63\times5}=\dfrac{47}{21}=2\dfrac{5}{21}$

③ $\left(2\dfrac{1}{6}-1\dfrac{7}{15}\right)\div4\dfrac{2}{5}=\left(2\dfrac{5}{30}-1\dfrac{14}{30}\right)\div4\dfrac{2}{5}$

$=\dfrac{21}{30}\div\dfrac{22}{5}=\dfrac{21\times5}{30\times22}=\dfrac{7}{44}$

④ $\left(6\dfrac{5}{6}-\dfrac{2}{3}\right)\div4\dfrac{1}{3}=\left(6\dfrac{5}{6}-\dfrac{4}{6}\right)\div4\dfrac{1}{3}$

$=6\dfrac{1}{6}\div4\dfrac{1}{3}=\dfrac{37\times3}{6\times13}=\dfrac{37}{26}=1\dfrac{11}{26}$

●37 ページ

1 ① $\dfrac{10}{27}$ ② $2\dfrac{7}{18}$ ③ $1\dfrac{1}{30}$ ④ $\dfrac{31}{54}$

⑤ $\dfrac{1}{26}$ ⑥ $\dfrac{2}{7}$

2 ① $5\dfrac{11}{12}$ ② $\dfrac{7}{16}$ ③ $5\dfrac{3}{44}$ ④ $1\dfrac{13}{16}$

●38 ページ

1 ① $\dfrac{1}{8}$ ② $\dfrac{10}{27}$ ③ $1\dfrac{1}{2}$ ④ $1\dfrac{3}{14}$ ⑤ $3\dfrac{1}{3}$

2 ① $22\dfrac{1}{5}$ ② $4\dfrac{1}{30}$ ③ 17 ④ 2 ⑤ 16

●39 ページ

□内 ① $\dfrac{3}{4}$ ② $\dfrac{4}{3}$ ③ $\dfrac{8}{20}$ ④ $\dfrac{7}{20}$ ⑤ 77

⑥ $6\dfrac{5}{12}$ ⑦ $6\dfrac{19}{24}$

●40 ページ

1 ① $\dfrac{11}{24}$ ② $\dfrac{1}{6}$ ③ $\dfrac{19}{30}$ ④ $\dfrac{2}{3}$ ⑤ $\dfrac{3}{8}$

> チェックポイント　たし算・ひき算・かけ算・わり算の混じった分数の式の計算は，先にかけ算・わり算をします。

計算のしかた

① $\dfrac{5}{8}\times1\dfrac{1}{3}-\dfrac{9}{16}\div1\dfrac{1}{2}=\dfrac{5\times4}{8\times3}-\dfrac{9\times2}{16\times3}$

$=\dfrac{5}{6}-\dfrac{3}{8}=\dfrac{20}{24}-\dfrac{9}{24}=\dfrac{11}{24}$

③ $\dfrac{5}{6}-\dfrac{1}{4}\div\dfrac{5}{6}\times\dfrac{2}{3}=\dfrac{5}{6}-\dfrac{1\times6\times2}{4\times5\times3}=\dfrac{5}{6}-\dfrac{1}{5}$

$=\dfrac{25}{30}-\dfrac{6}{30}=\dfrac{19}{30}$

⑤ $\dfrac{3}{20}\div\dfrac{3}{5}+\dfrac{1}{4}\times\dfrac{1}{2}=\dfrac{3\times5}{20\times3}+\dfrac{1\times1}{4\times2}=\dfrac{1}{4}+\dfrac{1}{8}$

$=\dfrac{2}{8}+\dfrac{1}{8}=\dfrac{3}{8}$

2 ① $3\dfrac{1}{3}$ ② $\dfrac{5}{12}$ ③ 1 ④ $1\dfrac{1}{2}$ ⑤ $2\dfrac{1}{3}$

> チェックポイント　3つの分数のかけ算・わり算になっている式のところは，約分をしておきます。

計算のしかた

② $\dfrac{11}{12}+2\dfrac{1}{3}\div\dfrac{7}{11}-4\dfrac{1}{6}=\dfrac{11}{12}+\dfrac{7\times11}{3\times7}-4\dfrac{1}{6}$

$=\dfrac{11}{12}+3\dfrac{2}{3}-4\dfrac{1}{6}=\dfrac{11}{12}+3\dfrac{8}{12}-4\dfrac{2}{12}=\dfrac{5}{12}$

③ $4\dfrac{1}{16}-2\dfrac{2}{3}\div1\dfrac{11}{21}\times1\dfrac{3}{4}$

$=4\dfrac{1}{16}-\dfrac{8\times21\times7}{3\times32\times4}=4\dfrac{1}{16}-3\dfrac{1}{16}=1$

⑤ $2\dfrac{5}{6}+\dfrac{1}{2}\times3\dfrac{2}{3}-2\dfrac{1}{3}=2\dfrac{5}{6}+\dfrac{1\times11}{2\times3}-2\dfrac{1}{3}$

$=2\dfrac{5}{6}+\dfrac{11}{6}-2\dfrac{2}{6}=\dfrac{14}{6}=2\dfrac{1}{3}$

●41 ページ

□内 ① $\frac{20}{24}$ ② $3\frac{5}{24}$ ③ $1\frac{3}{4}$ ④ $1\frac{15}{20}$

⑤ $\frac{9}{20}$

●42 ページ

1 ① $\frac{2}{7}$ ② $\frac{17}{40}$ ③ $\frac{11}{18}$ ④ $\frac{1}{10}$ ⑤ $\frac{5}{6}$

チェックポイント　(　)のある分数の四則の計算は，まず(　)の中，次にかけ算・わり算，最後にたし算・ひき算をします。
(　)と{　}のある場合は，(　)の中を先に，{　}の中を次に計算します。

計算のしかた

① $\frac{4}{7}\times\left(\frac{2}{3}-\frac{1}{2}\right)\div\frac{1}{3}=\frac{4}{7}\times\left(\frac{4}{6}-\frac{3}{6}\right)\div\frac{1}{3}$

$=\frac{4\times1\times3}{7\times6\times1}=\frac{2}{7}$

③ $\left(1\frac{1}{2}-\frac{3}{8}\right)\div\frac{3}{4}-\frac{8}{9}=\left(\frac{12}{8}-\frac{3}{8}\right)\div\frac{3}{4}-\frac{8}{9}$

$=\frac{9\times4}{8\times3}-\frac{8}{9}=\frac{3}{2}-\frac{8}{9}=\frac{27}{18}-\frac{16}{18}=\frac{11}{18}$

④ $\left(\frac{3}{4}-\frac{9}{20}\right)\div2\frac{2}{5}\times\frac{4}{5}$

$=\left(\frac{15}{20}-\frac{9}{20}\right)\div\frac{12}{5}\times\frac{4}{5}=\frac{6\times5\times4}{20\times12\times5}$

$=\frac{1}{10}$

⑤ $\left\{\frac{1}{2}-\left(\frac{1}{3}-\frac{1}{4}\right)\right\}\div\frac{1}{2}=\left\{\frac{1}{2}-\left(\frac{4}{12}-\frac{3}{12}\right)\right\}\div\frac{1}{2}$

$=\left(\frac{1}{2}-\frac{1}{12}\right)\div\frac{1}{2}=\left(\frac{6}{12}-\frac{1}{12}\right)\times2$

$=\frac{5\times2}{12}=\frac{5}{6}$

2 ① $\frac{2}{3}$ ② $\frac{1}{6}$ ③ $\frac{5}{6}$ ④ 2 ⑤ $\frac{3}{5}$

チェックポイント　(　)の中の計算も，かけ算・わり算をたし算・ひき算より先にします。

計算のしかた

① $1\frac{13}{15}\div\left(3\frac{1}{6}-2\frac{1}{10}+1\frac{11}{15}\right)$

$=1\frac{13}{15}\div\left(3\frac{5}{30}-2\frac{3}{30}+1\frac{22}{30}\right)$

$=1\frac{13}{15}\div\left(4\frac{27}{30}-2\frac{3}{30}\right)$

$=1\frac{13}{15}\div2\frac{4}{5}=\frac{28\times5}{15\times14}=\frac{2}{3}$

④ $2\frac{1}{12}\div\left(4\frac{1}{6}-\frac{5}{8}\right)\times3\frac{2}{5}$

$=2\frac{1}{12}\div\left(4\frac{4}{24}-\frac{15}{24}\right)\times3\frac{2}{5}$

$=2\frac{1}{12}\div3\frac{13}{24}\times3\frac{2}{5}$

$=\frac{25\times24\times17}{12\times85\times5}=2$

⑤ $\left(8\frac{7}{20}-1\frac{3}{8}\times4\frac{4}{5}\right)\div2\frac{11}{12}$

$=\left(8\frac{7}{20}-\frac{11}{8}\times\frac{24}{5}\right)\div2\frac{11}{12}$

$=\left(8\frac{7}{20}-6\frac{3}{5}\right)\div2\frac{11}{12}$

$=\left(8\frac{7}{20}-6\frac{12}{20}\right)\div2\frac{11}{12}$

$=1\frac{3}{4}\div2\frac{11}{12}=\frac{7\times12}{4\times35}=\frac{3}{5}$

●43 ページ

1 ① $\frac{4}{15}$ ② $\frac{5}{7}$ ③ 2 ④ $2\frac{19}{30}$ ⑤ $1\frac{11}{14}$

2 ① $\frac{5}{6}$ ② $8\frac{1}{3}$ ③ 1 ④ $\frac{1}{4}$ ⑤ $\frac{1}{35}$

●44 ページ

1 ① $\frac{1}{5}$ ② $\frac{1}{3}$ ③ 3 ④ $7\frac{1}{3}$ ⑤ $6\frac{14}{15}$

2 ① $\frac{11}{72}$ ② 22 ③ $1\frac{2}{3}$ ④ $1\frac{1}{3}$ ⑤ $\frac{10}{17}$

●45 ページ

1 ① $\frac{13}{16}$ ② $2\frac{7}{20}$ ③ $25\frac{3}{4}$ ④ $\frac{3}{11}$

2 ①$3\frac{3}{5}$ ②4 ③$\frac{23}{30}$ ④$\frac{5}{12}$ ⑤$\frac{7}{11}$

⑥$1\frac{2}{15}$

●46ページ

1 ①$6\frac{7}{30}$ ②$1\frac{2}{9}$ ③$\frac{1}{3}$ ④16 ⑤$\frac{1}{12}$

⑥$\frac{8}{15}$

2 ①$\frac{3}{8}$ ②$5\frac{1}{3}$ ③$\frac{45}{76}$ ④$\frac{1}{3}$

●47ページ

□内 ①12 ②5 ③$\frac{2}{4}$ ④5 ⑤3

●48ページ

1 ①$2\frac{3}{14}$ ②$\frac{7}{20}$ ③$1\frac{2}{5}$ ④$\frac{3}{22}$

⑤$1\frac{77}{108}$

チェックポイント　小数と分数の混じった式の計算は，小数を分数に直してから，分数どうしと同じように計算します。

計算のしかた

②$0.8-\frac{3}{5}\times0.75=\frac{4}{5}-\frac{3}{5}\times\frac{3}{4}=\frac{4}{5}-\frac{3\times3}{5\times4}$

$=\frac{4}{5}-\frac{9}{20}=\frac{16}{20}-\frac{9}{20}=\frac{7}{20}$

③$\frac{14}{15}\div\frac{5}{6}\div0.8=\frac{14}{15}\div\frac{5}{6}\div\frac{4}{5}=\frac{14\times6\times5}{15\times5\times4}$

$=\frac{7}{5}=1\frac{2}{5}$

④$\left(0.7-\frac{8}{15}\right)\times\frac{9}{11}=\left(\frac{7}{10}-\frac{8}{15}\right)\times\frac{9}{11}$

$=\frac{5}{30}\times\frac{9}{11}=\frac{5\times9}{30\times11}=\frac{3}{22}$

2 ①$\frac{1}{6}$ ②$2\frac{4}{5}$ ③10 ④$\frac{22}{25}$ ⑤$2\frac{1}{12}$

チェックポイント　$0.1=\frac{1}{10}$，$0.01=\frac{1}{100}$ などをもとにすると，$0.4=\frac{2}{5}$，$0.25=\frac{1}{4}$ と表せます。小数を分数に直すときは，できるだけ簡単（かんたん）な分数の形にします。

計算のしかた

②$2.7\times2\frac{2}{3}\div2\frac{4}{7}=\frac{27}{10}\times\frac{8}{3}\div\frac{18}{7}$

$=\frac{27\times8\times7}{10\times3\times18}=\frac{14}{5}=2\frac{4}{5}$

③$3.5+2\frac{3}{5}\times2.5=3\frac{1}{2}+2\frac{3}{5}\times2\frac{1}{2}$

$=3\frac{1}{2}+\frac{13\times5}{5\times2}=3\frac{1}{2}+6\frac{1}{2}=10$

⑤$2\frac{13}{16}\div(2.6-1.25)=2\frac{13}{16}\div\left(2\frac{3}{5}-1\frac{1}{4}\right)$

$=2\frac{13}{16}\div1\frac{7}{20}=\frac{45\times20}{16\times27}=\frac{25}{12}=2\frac{1}{12}$

●49ページ

□内 ①$\frac{3}{4}$ ②$\frac{29}{30}$ ③$\frac{5}{29}$ ④$\frac{1}{6}$ ⑤$\frac{7}{12}$

●50ページ

1 ①$2\frac{11}{12}$ ②$1\frac{1}{5}$ ③$4\frac{1}{20}$ ④$\frac{3}{20}$

⑤125

チェックポイント　小数と分数の混じった式の計算は，小数を分数に直してから，分数どうしと同じように計算します。

計算のしかた

①$0.5+2\frac{1}{2}-0.25\times\frac{1}{3}=\frac{1}{2}+2\frac{1}{2}-\frac{1}{4}\times\frac{1}{3}$

$=3-\frac{1}{12}=2\frac{11}{12}$

③$2.4\div\frac{8}{15}-0.3\times1.5=2\frac{2}{5}\div\frac{8}{15}-\frac{3}{10}\times1\frac{1}{2}$

$=\frac{12\times15}{5\times8}-\frac{3\times3}{10\times2}=\frac{9}{2}-\frac{9}{20}=\frac{81}{20}=4\frac{1}{20}$

④ $\frac{2}{3}-\left(1.4\times\frac{5}{6}-0.65\right)=\frac{2}{3}-\left(1\frac{2}{5}\times\frac{5}{6}-\frac{13}{20}\right)$

$=\frac{2}{3}-\left(\frac{7\times5}{5\times6}-\frac{13}{20}\right)=\frac{2}{3}-\left(\frac{7}{6}-\frac{13}{20}\right)$

$=\frac{2}{3}-\frac{31}{60}=\frac{40}{60}-\frac{31}{60}=\frac{9}{60}=\frac{3}{20}$

⑤ $\left(1.2\div1\frac{3}{5}+0.5\right)\div0.01$

$=\left(1\frac{1}{5}\div1\frac{3}{5}+\frac{1}{2}\right)\div\frac{1}{100}=\left(\frac{3}{4}+\frac{1}{2}\right)\times100$

$=\left(\frac{3}{4}+\frac{2}{4}\right)\times100=\frac{5}{4}\times100=125$

2 ① 1　② $5\frac{5}{6}$　③ $3\frac{14}{15}$　④ $3\frac{1}{4}$　⑤ $1\frac{15}{16}$

チェックポイント　小数を分数に直すとき，$0.25=\frac{1}{4}$，$0.75=\frac{3}{4}$，$0.125=\frac{1}{8}$ などを覚えておくと，計算が簡単(かんたん)になります。

計算のしかた

② $2\frac{2}{3}\times1.75+3.5-2\frac{1}{3}$

$=2\frac{2}{3}\times1\frac{3}{4}+3\frac{1}{2}-2\frac{1}{3}=\frac{8\times7}{3\times4}+3\frac{1}{2}-2\frac{1}{3}$

$=\frac{14}{3}+3\frac{1}{2}-2\frac{1}{3}=2\frac{1}{3}+3\frac{1}{2}=5\frac{5}{6}$

③ $3.6+1.6\times1\frac{7}{18}\div6\frac{2}{3}$

$=3\frac{3}{5}+1\frac{3}{5}\times1\frac{7}{18}\div6\frac{2}{3}$

$=3\frac{3}{5}+\frac{8\times25\times3}{5\times18\times20}=3\frac{3}{5}+\frac{1}{3}=3\frac{14}{15}$

④ $\left(9.5\div2\frac{3}{8}-2\frac{5}{9}\right)\times2.25$

$=\left(9\frac{1}{2}\div2\frac{3}{8}-2\frac{5}{9}\right)\times2\frac{1}{4}$

$=\left(\frac{19\times8}{2\times19}-2\frac{5}{9}\right)\times2\frac{1}{4}=\left(4-2\frac{5}{9}\right)\times2\frac{1}{4}$

$=1\frac{4}{9}\times2\frac{1}{4}=\frac{13\times9}{9\times4}=3\frac{1}{4}$

⑤ $4.25\div5\frac{2}{3}\times\left(3\frac{3}{4}-1\frac{1}{6}\right)$

$=4\frac{1}{4}\div5\frac{2}{3}\times2\frac{7}{12}=\frac{17\times3\times31}{4\times17\times12}=1\frac{15}{16}$

●51 ページ

1 ① $\frac{3}{14}$　② $9\frac{3}{7}$　③ 1　④ $\frac{1}{20}$　⑤ $2\frac{2}{3}$

2 ① 0　② $\frac{121}{240}$　③ 41　④ $1\frac{4}{25}$ (1.16)

⑤ $7\frac{11}{20}$

チェックポイント　おもな小数と分数の関係は覚えておきましょう。

$0.5=\frac{1}{2}$，$0.25=\frac{1}{4}$，$0.75=\frac{3}{4}$

$0.125=\frac{1}{8}$，$0.375=\frac{3}{8}$，$0.625=\frac{5}{8}$

●52 ページ

1 ① $4\frac{1}{3}$　② $\frac{33}{35}$　③ 2　④ $6\frac{3}{4}$　⑤ $1\frac{3}{5}$

チェックポイント　小数を分数に直す方法を忘(わす)れたときは，次の関係にもどって，まちがいなく分数に直しましょう。

$0.1=\frac{1}{10}$，$0.01=\frac{1}{100}$，$0.001=\frac{1}{1000}$

2 ① $\frac{4}{5}$　② 1　③ $1\frac{2}{3}$　④ $4\frac{9}{20}$　⑤ $10\frac{1}{4}$

●53 ページ

□内　① ÷　② 150　③ $\frac{1}{2}$　④ $\frac{5}{6}$

●54 ページ

1 ① 11.3　② 15.6　③ 0.75　④ 2.5

⑤ 15.68　⑥ 37.72　⑦ $1\frac{1}{9}$　⑧ $7\frac{1}{2}$　⑨ $1\frac{1}{9}$

⑩ $\frac{2}{3}$　⑪ $\frac{2}{3}$　⑫ $\frac{5}{6}$　⑬ $\frac{3}{16}$　⑭ $1\frac{7}{15}$

チェックポイント　xの値（あたい）を求めるときには，逆算をして求めます。次のような関係を覚えておくと求めやすくなります。

㋐$x+a=b$ → $x=b-a$
㋑$x-a=b$ → $x=b+a$
㋒$a-x=b$ → $x=a-b$
㋓$x\times a=b$ → $x=b\div a$
㋔$x\div a=b$ → $x=b\times a$
㋕$a\div x=b$ → $x=a\div b$

計算のしかた

③$20.8\times x=15.6$　$x=15.6\div 20.8=0.75$
⑥$x\div 4.6=8.2$　$x=8.2\times 4.6=37.72$
⑦$\frac{3}{5}\times x=\frac{2}{3}$　$x=\frac{2}{3}\div\frac{3}{5}=1\frac{1}{9}$
⑨$\frac{3}{4}\times x=\frac{5}{6}$　$x=\frac{5}{6}\div\frac{3}{4}=1\frac{1}{9}$
⑬$\frac{5}{8}\div x=3\frac{1}{3}$　$x=\frac{5}{8}\div 3\frac{1}{3}=\frac{3}{16}$
⑭$x\div 3\frac{2}{3}=\frac{2}{5}$　$x=\frac{2}{5}\times 3\frac{2}{3}=1\frac{7}{15}$

2　①$\frac{2}{3}$　②21

計算のしかた

②$\frac{41-x}{48}=\frac{5}{12}$　$41-x=\frac{5}{12}\times 48$
$41-x=20$　$x=41-20=21$

●55ページ

□内　①－　②$8\frac{1}{2}$　③$\frac{1}{8}$　④$1\frac{1}{16}$

●56ページ

1　①3.4　②4.6　③$4\frac{2}{3}$　④$\frac{7}{12}$　⑤$\frac{2}{3}$
⑥4　⑦1　⑧$\frac{1}{4}$　⑨$\frac{1}{2}$　⑩$\frac{3}{4}$

チェックポイント　xの値（あたい）を一度に求めることができないときは，逆算を使ってxの値に直接関係のない数を，次のように式の右側に移動させます。
（例）$x\times a+b=c$ → $x\times a=c-b$
　　$(x+a)\times b=c$ → $x+a=c\div b$

計算のしかた

②$(7.2-x)\div 0.8=3.25$　$7.2-x=3.25\times 0.8$
$7.2-x=2.6$　$x=7.2-2.6=4.6$
③$\left(x-1\frac{1}{3}\right)\div 4=\frac{5}{6}$　$x-1\frac{1}{3}=\frac{5}{6}\times 4$
$x-1\frac{1}{3}=\frac{10}{3}$　$x=\frac{10}{3}+1\frac{1}{3}=4\frac{2}{3}$
⑤$24.5-\frac{3}{4}\times x=24$　$\frac{3}{4}\times x=24.5-24$
$\frac{3}{4}\times x=\frac{1}{2}$　$x=\frac{1}{2}\div\frac{3}{4}=\frac{2}{3}$
⑥$1\frac{1}{5}\div x\times\frac{3}{4}=\frac{9}{40}$　$1\frac{1}{5}\div x=\frac{9}{40}\div\frac{3}{4}$
$1\frac{1}{5}\div x=\frac{3}{10}$　$x=1\frac{1}{5}\div\frac{3}{10}=4$
⑧$\left(x-\frac{1}{8}\right)\times 4=\frac{1}{2}$　$x-\frac{1}{8}=\frac{1}{2}\div 4$
$x-\frac{1}{8}=\frac{1}{8}$　$x=\frac{1}{8}+\frac{1}{8}=\frac{1}{4}$
⑨$\frac{4}{5}\times\left(x+\frac{1}{3}\right)=\frac{2}{3}$　$x+\frac{1}{3}=\frac{2}{3}\div\frac{4}{5}$
$x+\frac{1}{3}=\frac{5}{6}$　$x=\frac{5}{6}-\frac{1}{3}=\frac{1}{2}$

2　①1.6　②$\frac{2}{5}$

計算のしかた

①$41.08\div(3.6+x)=7.9$
$3.6+x=41.08\div 7.9$　$3.6+x=5.2$
$x=5.2-3.6=1.6$
②$4\frac{3}{5}-\frac{2}{3}\div x=2\frac{14}{15}$　$\frac{2}{3}\div x=4\frac{3}{5}-2\frac{14}{15}$
$\frac{2}{3}\div x=1\frac{2}{3}$　$x=\frac{2}{3}\div 1\frac{2}{3}=\frac{2}{5}$

●57ページ

1　①6.8　②20　③3.2　④30.6　⑤$1\frac{2}{7}$
⑥$\frac{24}{35}$　⑦$9\frac{5}{6}$　⑧$\frac{1}{2}$　⑨$\frac{8}{9}$　⑩$\frac{8}{15}$　⑪1
⑫$1\frac{3}{4}$

2　①$\frac{11}{12}$　②$0.12\left(\frac{3}{25}\right)$

●58 ページ

1 ①9.9 ②20 ③$\frac{7}{9}$ ④$\frac{4}{9}$ ⑤9 ⑥$\frac{1}{10}$

⑦$\frac{5}{8}$ ⑧1 ⑨$\frac{17}{20}$ ⑩11

チェックポイント 小数や分数でも，整数のときと同じように計算してxの値(あたい)を求めます。小数と分数の混じった式は，分数の式に直します。

2 ①$\frac{8}{9}$ ②5

チェックポイント ①では，$1\frac{13}{15}\div x$の値をまず求めます。

②では，$0.75=\frac{3}{4}=\frac{6}{8}$としてから，式の両側に分母の8をかけます。

●59 ページ

1 ①$\frac{2}{3}$ ②$\frac{1}{3}$ ③2 ④$\frac{1}{8}$(0.125)

⑤$\frac{4}{5}$(0.8) ⑥$\frac{1}{2}$

2 ①$\frac{11}{50}$(0.22) ②$2\frac{4}{5}$ ③$\frac{2}{5}$

3 ①$\frac{4}{5}$ ②$\frac{1}{8}$ ③$2\frac{1}{2}$(2.5)

●60 ページ

1 ①$\frac{7}{12}$ ②$\frac{1}{7}$ ③$\frac{1}{3}$ ④$\frac{1}{4}$ ⑤$\frac{17}{24}$

2 ①$\frac{23}{28}$ ②$\frac{1}{9}$ ③1 ④$4\frac{5}{8}$ ⑤$2\frac{5}{16}$

進級テスト(1)

●61 ページ

1 ①70 ②21.5 ③1 ④3 ⑤16 ⑥$4\frac{3}{7}$

⑦$\frac{4}{5}$ ⑧1 ⑨$\frac{3}{20}$ ⑩28

チェックポイント 比例式では，比の性質を利用します。xの値(あたい)を求める計算では，計算の順序の逆に計算していき，xの値を求めます。

計算のしかた

①$10:13=x:91$ $13\times x=10\times 91$
$x=10\times 91\div 13=70$

②$4.3:2.6=x:13$ $2.6\times x=4.3\times 13$
$x=4.3\times 13\div 2.6=21.5$

③$0.75:2.25=x:3$ $2.25\times x=3\times 0.75$
$x=3\times 0.75\div 2.25=1$

④$\frac{1}{6}:\frac{1}{10}=5:x$ $\frac{1}{6}\times x=\frac{1}{10}\times 5$
$x=\frac{1}{10}\times 5\div\frac{1}{6}=3$

⑤$2\frac{2}{3}:1\frac{5}{6}=x:11$ $1\frac{5}{6}\times x=2\frac{2}{3}\times 11$
$x=2\frac{2}{3}\times 11\div 1\frac{5}{6}=\frac{8}{3}\times 11\div\frac{11}{6}=16$

⑥$5-x=\frac{4}{7}$ $x=5-\frac{4}{7}=4\frac{3}{7}$

⑦$\frac{1}{3}\div x=\frac{5}{12}$ $x=\frac{1}{3}\div\frac{5}{12}=\frac{4}{5}$

⑧$\left(\frac{2}{7}+x\right)\times 7=9$ $\frac{2}{7}+x=9\div 7$
$\frac{2}{7}+x=\frac{9}{7}$ $x=\frac{9}{7}-\frac{2}{7}=1$

⑨$1-\left(\frac{4}{5}-x\right)=\frac{7}{20}$ $\frac{4}{5}-x=1-\frac{7}{20}$
$\frac{4}{5}-x=\frac{13}{20}$ $x=\frac{4}{5}-\frac{13}{20}=\frac{16}{20}-\frac{13}{20}=\frac{3}{20}$

⑩$74-x\times\frac{1}{4}=67$ $x\times\frac{1}{4}=74-67$
$x\times\frac{1}{4}=7$ $x=7\div\frac{1}{4}=28$

2 ①$1\frac{3}{70}$ ②$1\frac{11}{30}$ ③$\frac{7}{99}$ ④$\frac{11}{16}$

チェックポイント　かけ算・わり算とたし算・ひき算の混じった式では，かけ算・わり算を先にします。
（　）のある式は，（　）の中の計算を先にします。
約分できるときは約分します。

計算のしかた

① $4\frac{1}{2}-2\frac{1}{5}\times1\frac{4}{7}=4\frac{1}{2}-\frac{11\times11}{5\times7}$

$=4\frac{1}{2}-3\frac{16}{35}=4\frac{35}{70}-3\frac{32}{70}=1\frac{3}{70}$

② $\frac{4}{5}\times\left(\frac{7}{8}+\frac{5}{6}\right)=\frac{4}{5}\times\left(\frac{21}{24}+\frac{20}{24}\right)$

$=\frac{\overset{1}{\cancel{4}}\times41}{5\times\underset{6}{\cancel{24}}}=\frac{41}{30}=1\frac{11}{30}$

③ $\left(2\frac{5}{11}-2\frac{1}{3}\right)\div1\frac{5}{7}=\left(2\frac{15}{33}-2\frac{11}{33}\right)\div1\frac{5}{7}$

$=\frac{4}{33}\div\frac{12}{7}=\frac{\overset{1}{\cancel{4}}\times7}{33\times\underset{3}{\cancel{12}}}=\frac{7}{99}$

④ $0.75\div\frac{4}{7}-\frac{5}{8}=\frac{3}{4}\div\frac{4}{7}-\frac{5}{8}=\frac{3\times7}{4\times4}-\frac{5}{8}$

$=\frac{21}{16}-\frac{10}{16}=\frac{11}{16}$

●62ページ

3 ①5 a　②75 a　③6.2 m²　④0.7 L
⑤5000 L　⑥3600000 cm³　⑦1.7 t
⑧200 mg

チェックポイント　面積，体積，重さのそれぞれの単位のかん算ができるようにしておきましょう。

計算のしかた

① 1 a=100 m² より，500 m²=5 a
② 1 ha=100 a より，0.75 ha=75 a
③ 1 m²=10000 cm² より，
62000 cm²=6.2 m²
④ 1 L=1000 mL より，700 mL=0.7 L
⑤ 1 m³=1 kL=1000 L より，
5 m³=5000 L
⑥ 1 m³=1000000 cm³ より，
3.6 m³=3600000 cm³
⑦ 1 t=1000 kg より，1700 kg=1.7 t
⑧ 1 g=1000 mg より，0.2 g=200 mg

4 ①$2\frac{7}{36}$　②$\frac{18}{19}$　③$1\frac{1}{2}$　④$9\frac{5}{6}$　⑤$1\frac{1}{6}$
⑥$4\frac{7}{12}$　⑦$1\frac{4}{9}$　⑧$3\frac{1}{20}$

計算のしかた

① $1\frac{7}{9}-\frac{3}{4}+2\frac{5}{6}-1\frac{2}{3}$

$=1\frac{28}{36}-\frac{27}{36}+2\frac{30}{36}-1\frac{24}{36}$

$=4\frac{22}{36}-2\frac{15}{36}=2\frac{7}{36}$

② $3\frac{1}{13}\div5\frac{1}{3}\times3\frac{9}{19}\div2\frac{3}{26}$

$=\frac{\overset{\overset{1}{\cancel{5}}}{\cancel{40}}\times3\times\overset{6}{\cancel{66}}\times\overset{\overset{1}{\cancel{2}}}{\cancel{26}}}{\underset{1}{\cancel{13}}\times\underset{\underset{1}{\cancel{2}}}{\cancel{16}}\times19\times\underset{\underset{1}{\cancel{5}}}{\cancel{55}}}=\frac{18}{19}$

③ $\frac{3}{4}+\frac{7}{9}\div\frac{7}{15}-\frac{11}{12}$

$=\frac{3}{4}+\frac{\overset{1}{\cancel{7}}\times\overset{5}{\cancel{15}}}{\underset{3}{\cancel{9}}\times\underset{1}{\cancel{7}}}-\frac{11}{12}=\frac{3}{4}+\frac{5}{3}-\frac{11}{12}$

$=\frac{9}{12}+\frac{20}{12}-\frac{11}{12}=\frac{18}{12}=1\frac{1}{2}$

④ $7\frac{5}{6}+7\frac{1}{9}\times1\frac{13}{14}\div6\frac{6}{7}$

$=7\frac{5}{6}+\frac{\overset{\overset{2}{\cancel{4}}}{\cancel{64}}\times\overset{\overset{1}{\cancel{3}}}{\cancel{27}}\times\overset{1}{\cancel{7}}}{\underset{1}{\cancel{9}}\times\underset{\underset{1}{\cancel{2}}}{\cancel{14}}\times\underset{\underset{1}{\cancel{3}}}{\cancel{48}}}=7\frac{5}{6}+2=9\frac{5}{6}$

⑤ $\left(\frac{7}{8}-\frac{1}{4}\right)\times\frac{4}{5}\div\frac{3}{7}=\frac{5}{8}\times\frac{4}{5}\div\frac{3}{7}$

$=\frac{\overset{1}{\cancel{5}}\times\overset{1}{\cancel{4}}\times7}{\underset{2}{\cancel{8}}\times\underset{1}{\cancel{5}}\times3}=1\frac{1}{6}$

⑥ $3\frac{1}{4}+\left(3\frac{7}{8}-1\frac{3}{4}\right)\div1\frac{19}{32}$

$=3\frac{1}{4}+\left(3\frac{7}{8}-1\frac{6}{8}\right)\div1\frac{19}{32}$

$=3\frac{1}{4}+2\frac{1}{8}\div1\frac{19}{32}=3\frac{1}{4}+\frac{\overset{1}{\cancel{17}}\times\overset{4}{\cancel{32}}}{\underset{1}{\cancel{8}}\times\underset{3}{\cancel{51}}}$

$=3\frac{1}{4}+\frac{4}{3}=3\frac{3}{12}+\frac{16}{12}=3\frac{19}{12}=4\frac{7}{12}$

⑦$0.72\div\frac{27}{40}\div\frac{32}{35}+\frac{5}{18}$

$=\frac{18}{25}\div\frac{27}{40}\div\frac{32}{35}+\frac{5}{18}$

$=\frac{18\times40\times35}{25\times27\times32}+\frac{5}{18}=\frac{7}{6}+\frac{5}{18}$

$=\frac{21}{18}+\frac{5}{18}=\frac{26}{18}=1\frac{4}{9}$

⑧$8\frac{3}{5}-6\frac{1}{4}+2.5\div3\frac{4}{7}$

$=8\frac{3}{5}-6\frac{1}{4}+2\frac{1}{2}\div3\frac{4}{7}$

$=8\frac{3}{5}-6\frac{1}{4}+\frac{5\times7}{2\times25}=8\frac{3}{5}-6\frac{1}{4}+\frac{7}{10}$

$=8\frac{12}{20}-6\frac{5}{20}+\frac{14}{20}=2\frac{21}{20}=3\frac{1}{20}$

進級テスト(2)

●63ページ

1 ①25 ②198 ③4 ④20 ⑤6 ⑥8

⑦9 ⑧$\frac{1}{3}$ ⑨$\frac{2}{3}$ ⑩2

チェックポイント 分数で表された比は整数の比に直します。かけ算，わり算，たし算，ひき算の逆算を正確に使ってxの値（あたい）を求めましょう。

計算のしかた

①$5:7=x:35$　$7\times x=5\times35$

$x=5\times35\div7=25$

②$5:9=110:x$　$5\times x=9\times110$

$x=9\times110\div5=198$

③$\frac{2}{9}:\frac{1}{6}=x:3$　$\frac{1}{6}\times x=\frac{2}{9}\times3$　$\frac{1}{6}\times x=\frac{2}{3}$

$x=\frac{2}{3}\div\frac{1}{6}=4$

④$1\frac{2}{3}:1.75=x:21$　$1\frac{2}{3}:1\frac{3}{4}=x:21$

$1\frac{3}{4}\times x=1\frac{2}{3}\times21$　$1\frac{3}{4}\times x=35$

$x=35\div1\frac{3}{4}=20$

⑤$x\times8+6=54$　$x\times8=54-6$

$x\times8=48$　$x=48\div8=6$

⑥$48\div x-4=2$　$48\div x=2+4$

$48\div x=6$　$x=48\div6=8$

⑦$12\div(x-3)=2$　$x-3=12\div2$

$x-3=6$　$x=6+3=9$

⑧$\frac{5}{6}\times x+\frac{1}{2}=\frac{7}{9}$　$\frac{5}{6}\times x=\frac{7}{9}-\frac{1}{2}$

$\frac{5}{6}\times x=\frac{5}{18}$　$x=\frac{5}{18}\div\frac{5}{6}=\frac{1}{3}$

⑨$\left(x+3\frac{1}{3}\right)\times3\frac{3}{4}=15$　$x+3\frac{1}{3}=15\div3\frac{3}{4}$

$x+3\frac{1}{3}=4$　$x=4-3\frac{1}{3}=\frac{2}{3}$

⑩$\frac{2}{5}\times\left(x-\frac{1}{3}\right)=\frac{2}{3}$　$x-\frac{1}{3}=\frac{2}{3}\div\frac{2}{5}$

$x-\frac{1}{3}=\frac{5}{3}$　$x=\frac{5}{3}+\frac{1}{3}=2$

2 ①$\frac{1}{5}$ ②$1\frac{1}{5}$ ③1 ④5

計算のしかた

① $2-\frac{4}{5}\div\frac{4}{9}=2-\frac{4\times9}{5\times4}=2-\frac{9}{5}=\frac{1}{5}$

② $2\frac{5}{8}\times1\frac{3}{5}\div3\frac{1}{2}=\frac{21\times8\times2}{8\times5\times7}=1\frac{1}{5}$

③ $\frac{3}{4}\times\left(1\frac{5}{6}-\frac{1}{2}\right)=\frac{3}{4}\times\left(1\frac{5}{6}-\frac{3}{6}\right)=\frac{3}{4}\times1\frac{1}{3}$

$=\frac{3\times4}{4\times3}=1$

④ $3\div\left(0.8-\frac{1}{5}\right)=3\div\left(\frac{4}{5}-\frac{1}{5}\right)=3\div\frac{3}{5}$

$=\frac{3\times5}{1\times3}=5$

●64ページ

3 ① $270\ m^2$　② $0.28\ ha$　③ $4300\ cm^2$
④ $0.3\ L$　⑤ $0.7\ m^3$　⑥ $0.45\ m^3$　⑦ $720\ g$
⑧ $40\ kg$

> チェックポイント　$1\ ha=100\ a=10000\ m^2$，
> $1\ L=10\ dL=1000\ mL=1000\ cm^3$
> $1\ t=1000\ kg$，$1\ kL=1\ m^3$
> などの関係は覚えておきましょう。

計算のしかた

① $1\ a=100\ m^2$ より，$2.7\ a=270\ m^2$
② $1\ ha=10000\ m^2$ より，$2800\ m^2=0.28\ ha$
③ $1\ m^2=10000\ cm^2$ より，
$0.43\ m^2=4300\ cm^2$
④ $1\ L=1000\ mL$ より，$300\ mL=0.3\ L$
⑤ $1\ m^3=1\ kL=1000\ L$ より，
$700\ L=0.7\ m^3$
⑥ $1\ m^3=1000000\ cm^3$ より，
$450000\ cm^3=0.45\ m^3$
⑦ $1\ kg=1000\ g$ より，$0.72\ kg=720\ g$
⑧ $1\ t=1000\ kg$ より，$0.04\ t=40\ kg$

4 ① $\frac{2}{5}$　② $\frac{12}{25}$　③ 8　④ $2\frac{2}{3}$　⑤ $\frac{5}{8}$　⑥ $\frac{1}{2}$
⑦ $1\frac{9}{10}$　⑧ $2\frac{14}{15}$

計算のしかた

① $\frac{1}{2}-\frac{2}{5}+\frac{5}{6}-\frac{8}{15}=\frac{15}{30}-\frac{12}{30}+\frac{25}{30}-\frac{16}{30}$

$=\frac{40}{30}-\frac{28}{30}=\frac{12}{30}=\frac{2}{5}$

② $\frac{8}{9}\div\frac{2}{3}\times\frac{3}{10}\div\frac{5}{6}=\frac{8\times3\times3\times6}{9\times2\times10\times5}=\frac{12}{25}$

③ $2\frac{2}{3}\times1\frac{3}{4}+4\div1\frac{1}{5}=\frac{8\times7}{3\times4}+\frac{4\times5}{1\times6}$

$=\frac{14}{3}+\frac{10}{3}=\frac{24}{3}=8$

④ $\frac{3}{5}\times1\frac{2}{3}+1\frac{1}{6}\div\frac{7}{10}=\frac{3\times5}{5\times3}+\frac{7\times10}{6\times7}$

$=1+\frac{5}{3}=2\frac{2}{3}$

⑤ $\frac{5}{16}\div\left(\frac{2}{3}-\frac{1}{4}\right)\times\frac{5}{6}=\frac{5}{16}\div\left(\frac{8}{12}-\frac{3}{12}\right)\times\frac{5}{6}$

$=\frac{5}{16}\div\frac{5}{12}\times\frac{5}{6}=\frac{5\times12\times5}{16\times5\times6}=\frac{5}{8}$

⑥ $\left(\frac{3}{5}-\frac{3}{7}\right)\div\frac{4}{7}\times1\frac{2}{3}=\left(\frac{21}{35}-\frac{15}{35}\right)\div\frac{4}{7}\times1\frac{2}{3}$

$=\frac{6\times7\times5}{35\times4\times3}=\frac{1}{2}$

⑦ $3\frac{2}{3}\times1\frac{1}{5}-1.25\div\frac{1}{2}=\frac{11}{3}\times\frac{6}{5}-1\frac{1}{4}\div\frac{1}{2}$

$=\frac{11\times6}{3\times5}-\frac{5\times2}{4\times1}=\frac{22}{5}-\frac{5}{2}=4\frac{2}{5}-2\frac{1}{2}$

$=4\frac{4}{10}-2\frac{5}{10}=1\frac{9}{10}$

⑧ $4.2\div1\frac{1}{2}+0.4\times\frac{1}{3}=4\frac{1}{5}\div\frac{3}{2}+\frac{2}{5}\times\frac{1}{3}$

$=\frac{21\times2}{5\times3}+\frac{2\times1}{5\times3}=\frac{42}{15}+\frac{2}{15}=\frac{44}{15}=2\frac{14}{15}$